U0103629

好習慣

VS

壞習慣

林格　主編

養成教育課題組　編

智能教育出版社

責任編輯　　俞　笛
裝幀設計　　彭若東

書　　名　**好習慣 VS 壞習慣**

主　　編　林格

編　　者　養成教育課題組

出　　版　智能教育出版社

　　　　　香港鰂魚涌英皇道1065號 1304室

　　　　　INTELLIGENCE PRESS

　　　　　Rm. 1304, 1065 King's Road, Quarry Bay, Hong Kong

香港發行　香港聯合書刊物流有限公司

　　　　　香港新界大埔汀麗路36號3字樓

印　　刷　深圳市雲崗印刷紙品有限公司

　　　　　深圳市布心東曉路海鷹大廈1棟3樓

版　　次　2008年4月香港第一版第一次印刷

　　　　　2008年7月香港第一版第二次印刷

規　　格　大24開（184×206mm）264面

國際書號　ISBN 978 · 962 · 8904 · 20 · 4

　　　　　©2008 Intelligence Press

　　　　　Published in Hong Kong

　　　本書原由新世界出版社以書名《怎樣培養習慣》出版，經由原出版者授權
本公司在港台及海外地區出版發行。

目錄

導言 習慣的力量

第一部分 做人的習慣

培養好習慣

糾正壞習慣

第二部分 做事的習慣

培養好習慣

糾正壞習慣

第三部分 學習的習慣

第四部分 生活的習慣

附：培養好習慣的21種方法

導言

習慣的力量

什麼是習慣

習慣改變人生

習慣與人格

一、什麼是習慣

（一）習慣的定義

　　美國一位心理學家在全美選出50位成功人士；同時又選出50位有犯罪紀錄的人。他分別去信給這100人，請他們談談母親對自己的影響。其中有兩封回信給人的印象最為深刻：一封來自白宮的一位著名人士，另外一封來自一個正在監獄服刑的犯人。他們談的都是同一件事：小時候母親給他們分蘋果。

　　那位監獄的犯人在信中這樣寫道：

　　小時候，有一天媽媽拿來幾個蘋果，紅紅綠綠、大小不同。我一眼就看見中間的那個，又紅又大，非常想要。這時媽媽把蘋果放在桌子上，問我和弟弟，你們想要哪個？我剛想說要最大最紅的那個時，弟弟搶先說出我想說的話。媽媽聽後瞪了他一眼，責備他說：“好孩子要學會把好東西讓給別人，不能總想着自己。”於是，我靈機一動，改口說：“媽媽，我想要那個最小的，最大的留給弟弟吧。”媽媽聽了非常高興，在我的臉上親了一下，並把那個又紅又大的蘋果獎勵給我。我得到了我想要的東西，從此，我學會了說謊。

　　那位白宮的著名人士是這樣寫的：

　　小時候，有一天媽媽拿來幾個蘋果，紅紅綠綠、大小不同。我和弟弟們都爭着要大的，媽媽把那個最大最紅的蘋果舉在手中，對我們說：“這個蘋果最大、最紅、最好吃，誰都想要它。很好，現在，讓我們來做比賽，我把門前的草坪分成三塊，你們三個人每人一塊，負責修剪好，誰幹得最好，誰就有權利得到它！”於是我們三個人開始比賽剪草，結果我贏得了那個最大的蘋果。我非常感謝母親，她讓我明白了一個最簡單也是最重要的道理：要想得到最好的，就必須努力爭第一。她一直都是這樣教育我們，也是這樣做的。在我們家裡，你想要什麼好東西，都要通過比賽來贏得，這很公平，你想要什麼、要多少，就必須為此付出相應的努力和代價！

人生道路上的迷失往往從說謊這個小小習慣開始，懂得公平和努力爭取的人最終走向成功。這，就是習慣的力量！

習慣往往起源於看似不經意的小事，卻蘊含了足以改變人類命運的巨大能量。多一個好習慣，就多一份自信；多一個好習慣，就多一份成功的機會；多一個好習慣，就多一份享受生活的能力。好習慣常常讓人受益終生，壞習慣往往使人深陷泥潭。大概正因為如此，人們讚揚好的行為習慣，而討厭不良的習慣。

那麼，究竟什麼是習慣呢？

現在人們比較認同的權威性的習慣定義是美國心理學家阿瑟·S·雷伯概括出的關於習慣的解釋。雷伯在其所著的《心理學詞典》中將心理學中關於習慣的含義概括為四種：

① 一般指一種習慣的動作。本義是指運動模式、身體反應，現在已不限於此，人們也常說知覺的、認知的、情感的習慣。

② 通過重複而自動化了的、固定下來的且無需努力就輕而易舉地實現的活動模式。

③ 對藥物的癖嗜，常用術語是藥物依賴。

④ 指特定動物物種的特徵性行為模式，如“狒狒的習性”。他特別指出，最後的一個意思與前面的幾種意義是大不相同的，它的內涵通常是指一種天生的、物種特有的行為模式，而其他幾種意思都明確含有習得的行為之意。

從心理學的解釋中，我們可以認識到：

第一，習慣是自動化了的反應傾向或活動模式、行為方式；

第二，習慣是在一定時間內逐漸養成的，它與人後天條件反射系統的建立有密切關係；

第三，習慣不僅僅是自動化了的動作或行為，還可以包括思維的、情感的內容；

第四，習慣滿足了人的某種需要，由此習慣可能起到積極和消極的雙重作用。

（二）習慣的特徵

1. 後天性

習慣不是由遺傳得來的，它是在後天的生活環境中習得的。從生理機制來講，習慣又是一種後天獲得的條件反射。如果對習慣的這一特徵缺乏認識，往往會把一個人的好習慣或壞習慣歸為先天的、遺傳得來的，這在實踐中就會忽視教育影響的作用，不自覺地走入"誤區"。瞭解習慣的後天性特徵，能使人有意識、有目的地進行良好習慣的訓練，防止並克服不良習慣的形成，充分發揮主體的能動作用。

2. 穩固性和可變性

習慣一旦形成就較難改變。習慣經過多次重複，因得到強化而不斷地趨於定型穩固，如果此時想改變它，是較為困難的。

但這種穩固性不是絕對的，只要經過較長時間的強化訓練和影響，即使是已經形成的較為牢固的不良習慣，也不是絕對不能改變的。有一個孩子時常生悶氣，父親就對他說："假如你不希望自己脾氣暴躁，就不要培養這種習慣，不要做出任何可能助長怒氣的事。"這位父親首先讓孩子設法保持安靜，然後讓孩子計算自己有多少天沒發脾氣。從原來的天天生氣，到後來兩天生一次氣，然後三天一次，再後來四天一次……這個孩子愛發脾氣的習慣起初只是減弱，後來則漸至消滅。

3. 自動性和下意識性

習慣是一個行為自動化的方式。所謂自動化，就是穩定的條件反射活動，甚至是下意識的動作。行為習慣形成以後，就不需要專門的思考和意志的努力。習慣的這一特徵，可以有效地節省人們的時間和精力。

世界上著名的"鐵娘子"英國首相戴卓爾夫人在談及習慣時說："有時事務太忙，我也可能感到吃不消，但生活的秘訣實際上在於把90%的生活變成習慣，這樣你就可以習慣成自然了。比如你想都不用想就去刷牙，這是習慣。"戴卓爾所說的"想都不用想"，實際上就是受習慣支配着的下意識在發揮作用。

這也就是我們平常説的"習慣成自然"。

4. 情境性

習慣是一種動力定型，是在相同情境下出現的相同反映，因而有情境性。

習慣形成以後，它總是由一定的情景而啟動的。也就是說，養成了某種習慣的人，一旦到了特定的場合，習慣就會表現出來。特別是習慣還不完全鞏固的情況下，如有的兒童在幼稚園裡初步形成"自己的事情自己做"的習慣，自己洗臉，自己穿衣服。可是一回到家裡，不愛洗臉，自己也不穿衣服，吃飯還得一勺一勺地餵，在幼稚園的好習慣全沒有了。這説明兒童的習慣受情境所制約。要使良好的行為習慣得到鞏固和泛化，就要在各種場合實踐其良好的行為習慣，擺脫單一情境刺激的狀況。

（三）習慣的分類

在日常生活中，人們評價某一個人的時候，常常將其擁有的習慣好壞作為一個標準。譬如常常聽人説："瞧，那個人的習慣真差！"這裡，人們不自覺地將習慣分成了好習慣和壞習慣兩大類。

我們通常按照不同的標準對習慣進行分類：

1. 按其價值分：良好（積極的）習慣和不良（消極的）習慣

凡是對人的學習、工作和生活等起積極作用的，適應人的正常需要，且對人具有正向價值的一類習慣就是良好的習慣或積極的習慣。反之則是不良的習慣或消極的習慣。

對於學生來説，做完作業後能做到自我檢查，這就是積極的良好的習慣；如果做作業時，一邊吃零食，一邊看電視，不能專心致志地抓緊時間完成作業，這就是一種不良習慣或稱之為消極習慣。

2. 按其層面分：社會性習慣和個性（個體）習慣

遵守交通規則、愛護環境、文明禮貌等類似習慣都可以叫做社會性習慣。這樣的習慣是社會成員大都具有的，有的還必須共同遵守。社會性習慣更多地是強調那些與他人發生聯繫的習慣，通常體現為適應公共生活領域的習慣。

個體習慣則是社會個體所獨有的習慣。比如有的人習慣早睡早起，有的人則習慣於晚睡晚起；有人習慣早上鍛煉，有人習慣晚上鍛煉……像這樣的習慣都可看成是個性習慣。這些習慣因個人具體情況而定，具有很大差異性。

3. 按其水平分：動作性習慣和智慧性習慣

動作性習慣主要是一些自動化了的身體反應和行為動作，比較簡單，形成的時間較短，容易訓練。如飯前便後洗手、早晚刷牙洗臉這樣的習慣，就是動作性習慣。

智慧性習慣比較複雜，層次更高，需要較長時期的訓練才能形成，這類習慣主要涉及的是思維方式、情感反應和心理反應傾向方面的內容。比如做事有計劃的習慣；凡事三思而後行；遇到事情總是往積極的、好的方面想的習慣；實事求是的習慣；質疑、批判和保持理性的習慣，等等。這樣一些比較複雜需要長期鍛煉才能形成的習慣，叫做智慧性習慣。

4. 按與能力的關係分：一般性習慣和特殊性習慣

那些與人的一般能力要求相一致的習慣，如善於觀察事物的習慣、勤於思考的習慣等，稱之為一般性習慣。而那些與特殊技能和能力要求相適應的習慣，如建築師、藝術家等職業所需要的利用表象構圖的習慣，司機駕駛所需要的注意力分配的習慣等，諸如這樣的習慣稱之為特殊性習慣。

這一分類法也符合現代心理學的做法。在心理學中，通常把智力分成一般智力和特殊智力，把人的能力分成一般能力和特殊能力，把人格特質分成核心特質和次要特質。

5. 按不同的活動領域分：學習習慣、生活習慣、工作習慣、交往習慣

依照人們日常活動主要領域，可將習慣分成學習習慣、生活習慣、工作習慣、交往習慣，甚至可以將它們進行進一步具體的劃分，比如在學習習慣中，可以分出閱讀習慣、思考習慣、寫作習慣等等，將生活習慣分為起居習慣、飲食習慣、衛生習慣等等。

6. 按出現的時間分：傳統性習慣與時代性（現實性）習慣

那些從歷史上繼承下來的習慣，可以看成是傳統性習慣。比如，中國人大都具有的尊老愛幼的習慣、春節回家過年的習慣等等，都是傳統性習慣。

那些人們在現實生活中形成的不同於以往的習慣就是時代性習慣。比如上網的習慣，乘電梯靠右站的習慣，垃圾分類的習慣，環境保護的習慣，終身學習的習慣等等，都可以看成是時代性習慣。

二、習慣改變人生

1. 好習慣受益終身

下面這則故事曾在歐美許多國家廣為流傳：

一位非常富有但脾氣古怪的老紳士想要找一個男孩服侍他的飲食起居，幫他做些事情，唯一的要求就是這個年輕人必須是一個誠實正直的孩子。他經常說這樣的話："向抽屜裡偷看的孩子會試圖從裡面取出點東西，而在年輕時就偷竊過一分錢的人，長大後總有一天會偷竊一元錢。"

很快，老紳士就收到20多封求職信。但是他要對這些孩子進行考核，只有符合要求的人才能得到這份工作。

四個精幹的小伙子來參加最後的面試，他們來到了紳士那裡。紳士提前準備了一間房子，他要求四個人逐一進入這個房子，只要在裡面的椅子上安靜坐一會兒就行。

查爾斯·布朗第一個進入房間，剛開始的時候他非常安靜。過了一會兒，他看見桌子上擺放著一個罩子，好奇心讓他很想知道這個罩子下面到底是什麼，於是他掀起了罩子。一堆非常輕的羽毛飛了起來，於是他又急忙把罩子放下，可是這下更亂了，其餘的羽毛被氣流吹得滿房間都是。

老紳士在隔壁的房間看得很清楚，查爾斯無法控制誘惑，結果可想而知，查爾斯落選了。

亨利·威爾金斯是第二個進入房間的孩子。他剛一走進去就被一盤誘人的、熟透的櫻桃吸引了。"這麼多櫻桃，吃掉一個，別人是不會發現的。"亨利心想。於是他就拿起了一個最大的櫻桃放進了嘴裡，但是這個櫻桃的滋味可不像他想像的那樣，而是非常的辣，他忍不住喊了起來。其實這些櫻桃都是假的，裡面全是辣椒。亨利·威爾金斯也被打發走了。

接下來的是魯弗斯·威爾森，他看到桌子上有個抽屜沒有鎖，其餘的都鎖著，於是他決定拉開那個抽屜看個究竟。但是他剛剛把手放在抽屜把手上，就響起了一陣鈴聲。老紳士氣憤地把他趕出了房間。

最後一個進入房間的男孩名叫哈里。他在房間的椅子上靜靜地坐了20分鐘，什麼也沒有動。

半個小時後，老紳士非常滿意地告訴他："誠實的孩子，你被錄取了！"

"屋裡那麼多新奇的東西，難道你不想動一下嗎？"老紳士問。

"不，先生。在沒有得到允許之前我是不會動的。"哈里回答道。

後來，哈里一直服侍老紳士，當老人去世的時候，留給他很大一筆遺產。

我們不用去考究故事的真實性，因為無論其真實與否，它都說明了一個很重要的道理，那就是好的習慣能改變我們的人生。

好的習慣一旦養成，便可終身受益。進化論的創始人達爾文說："我的生活過得像鐘錶的機器那樣有規則，當我的生命告終時，我就會停在一處不動了。"達爾文所說的"規則"，便是指良好的習慣。

青少年時期正是學習的關鍵時期。國內外相關研究資料表明，學習的好壞，20％與智力因素相關，80％與信心、意志、習慣、興趣、性格等非智力因素相關，其中習慣佔有重要的位置。古今中外有所建樹者，無一不具有良好的習慣。

2. 壞習慣貽害無窮

一個人如果養成了不良的習慣，便會終身受害：

有一個理髮的師傅教徒弟理光頭。開始時在冬瓜上練習，用理髮刀刮冬瓜皮來模仿理光頭，徒弟每次練習完有一個壞習慣：把理髮刀往冬瓜上一扎。師傅見後說："請你改變這一習慣。"徒弟笑曰："這又不是真頭，又沒關係的。"三月後，徒弟出師。給第一位顧客理光頭，理完後，他又照例把理髮刀往頭上一扎。結果可想而知。

下面這個故事則更耐人尋味：

有一個認識幾個字的窮人，花了幾個銅板買下了一本從火災中倖免遇難的書。書本身不是非常有意思，但書頁裡面卻夾着一樣非常有趣的東西：一張薄如蟬翼的羊皮紙，上面寫着點石成金的秘密。小紙片上寫着：這塊奇石在海邊可以找到，但是奇石的外觀和成千上萬的石頭沒什麼兩樣。謎底在於：石頭摸起來是溫的，而普通的石頭摸起來是冰涼的。這個窮人於是變賣了家當，帶上簡單的行囊，過起了風餐露宿的海邊生活，就為了尋找那塊溫暖的石頭。他知道，如果他把撿起來的冰涼石頭隨手就扔掉的話，那麼，他有可能會重複拾起已經摸過的石頭，而無法辨認真正的奇石。為了防止這種情形的發生，每當撿起一塊冰涼的石頭他就往海裡扔。一天過去了，他撿起的石頭中沒有一塊是書中所說的奇石。一個月，一年，二年，三年……他還是沒有找到那塊奇石。但是，他不氣餒，繼續撿石頭，扔石頭，沒完沒了。

有一天早上，他撿起一塊石頭，一摸，竟然是溫的！可是他仍然隨手扔進了海裡，因為他已經養成了往海裡扔石頭的習慣。這個動作太具有習慣性了，以至當他夢寐以求的東西出現時，他卻與寶貝失之交臂！

可見，習慣的力量往往是驚人的。壞習慣常常讓人們與幸運失之交臂，甚至造成不可挽回的損失。

三、習慣與人格

I. 傑出青年與死刑犯的對比

1995年，有人曾經做過148名傑出青年的童年的教育研究，發現他們之所以成為傑出青年，良好習慣與健康人格是最重要的原因。

科學家通常認為，成功人士具有一種與生俱來的品質，隨着時間的流逝，那種天才的光輝在某些人身上會越發亮麗，而在另一些人身上則會逐漸黯淡。成功人士身上具有的特殊品質中，良好習慣與健康人格起着決定性的主導作用，而智商並非主要因素。

在148名傑出青年身上，集中體現出這樣6種人格特點：自主自立精神；堅強的意志力；非凡的合作精神；鮮明的是非觀念和正確的行為；選擇良友；以"誠實、進取、善良、自信、勤勞"為做人的基本原則。舉例說明，他們在童年時，如果未完成作業而面對遊戲的誘惑，60.13％的人"堅持認真完成作業"；66.8％的人非常喜歡"獨立做事情"；79.73％的人對班上不公平的事情"經常感到氣憤"；而54.05％的人"經常制止別人欺負同學的行為"。

幾乎在對148名傑出青年調研的同時，還有一篇極有震撼力的調研報告，即《悲劇從少年開始──115名死刑犯犯罪原因追溯調查》。該報告寫道：

調查表明：115名死刑犯從善到惡，從人到鬼決不是偶然的。他們較差的自身素質和日積月累的諸多弱點是他們走上絕路的潛在因素，是罪惡之苗，是悲劇之根。他們違法犯罪均起源於少年時期，他們中的30.5％曾是少年犯，61.5％少年時犯有前科，基本都有劣跡，從小就有不良行為習慣。柏拉圖曾經告誡一個遊蕩的青年說："人是習慣的奴隸。"英國詩人德萊敦也說："首先我們養出了習慣，隨後習慣養出了我們。"因此只要這些劣跡少年身上的潛在因素得不到改變，他們遲早都有走上犯罪道路的危險。通過調查分析，這種潛在因素主要表現在以下幾個方面：少文化、缺知識、不知禮、不懂法；貪吃好玩、奢侈為榮、怕苦怕累、不學無術；"哥們兒義氣"重如生命，為"朋友"義氣不惜兩肋插刀；自作聰明，我行我素；顯擺逞能，亡命稱霸；倫理錯位，黑白不分，是非顛倒，榮辱不清。

一切都是從童年開始的。不同的童年造成了傑出青年和死刑犯青年的天壤之別，更造成了健康青年與病態青年之分。而這不同的基本點之一就是行為習慣的不同。

2. 良好習慣與健康人格

人格究竟是什麼？太多的人對這個問題不瞭解。其實，人格存在於我們每一個人身上，只要認真觀察，就會發現人格時時刻刻存在於我們的生活、事業和學習之中。比如，一個孩子很喜歡學習、對自己要求很嚴格、對人熱情、坦率、謙虛等，這些詞語都是人格的表現。

心理學上關於人格的定義已經有50多種了。但是目前學術界比較認同的是1989年美國心理學家麥克雷‧可斯塔等人提出的"五大人格模型"（OCEAN），他們把人格分為5個方面來描述：

第一是開放性，包括：具有想像、情感豐富、審美、求異創造、智慧等；

第二是責任心，包括：勝任工作、公正、有條理、盡職、成就、自律、謹慎克制等；

第三是外傾性，包括：熱情、社交、果斷、活躍、冒險、樂觀等；

第四是宜人性，包括信任、直率、利他、依從、謙虛、移情等；

第五是情緒穩定性，包括焦慮、敵對、壓抑、自我意識、衝動、脆弱等。

這五個方面中，有許多因素是和人的習慣緊密相關的。應該瞭解的是，人格有一個最高點，也有一個最低點，例如在情緒穩定性這一條中，也有許多不好的方面，比如焦慮、敵對等等。而要慢慢改掉這些不健康的人格，培養健康的人格，就要從習慣入手。

可是，許多人不太在意自己的習慣，總覺得這是小事情。父母可能更看重孩子是否有理想，是否學習成績好、有競爭能力，是否人際關係好，是否適應環境等。其實這些都和人格有關。孩子是否有理想、有信心、有道德、愛學習，這些項目都包含在一個人的人格當中。

有一些學習成績非常優秀的孩子，在進入大學或者到了夢寐以求的工作崗位以後，卻屢屢出現問題。他們雖然成績好，但在人格上是有缺陷的。這些人格缺陷表現在一個人的行為習慣上。所以我們在形容這些人的時候會說他"缺德"、"沒有教養"。比如，有的人沒有辦法適應集體生活，亂翻別人的東西、不能顧全大局，還有的人在公共場合隨意亂扔廢紙、隨地吐痰等，也有的人人際關係很糟糕，甚至為了競爭而自殺或殺人。這些應該說都是人格不健康導致的。

也有一些人常常表現為"兩面人"，即在家裡一個樣，在外面一個樣；自己的時候一個樣，在他人面前又一個樣。

出現這些問題的一大重要原因，就是從小沒有培養起好的習慣。表面上看，這些都是道德問題，但事實上人的人格、道德、品德、習慣是有聯繫的，而且有很密切的聯繫。為什麼呢？

每個社會都有自己的道德，道德構成了一個時代的意識和傾向。道德是外部的，要把道德轉變為個人行為就是品德。品德是什麼？品德是人的行為的內化。行為呢？又和人的習慣有關，因為習慣是一種自動化的行為。

如果反過來說的話，就是當一個人培養了好的習慣之後，他的這些自動化行為會漸漸內化成他的品德。這些好的品質在做人、做事、學習方面就表現為好的道德。這樣，這個人健康的人格就顯現出來了。

人格是遺傳和後天決定的。後天因素又包括環境、教育等。而環境和教育都對習慣有一定的影響。習慣的培養要從小抓起，越早培養越好，因為人在幼年時期最有可塑性，就像橡皮泥一樣，想讓他成為什麼樣的人是比較容易的。

習慣與人格的關係是相輔相成的。習慣影響人格，人格更會影響習慣。也可以這麼說，年齡越小，習慣對人格的影響越大；年齡越大，人格對習慣的影響越大。因此，在兒童時期重在培養良好習慣就是為健康人格奠定基礎。

第一部分

做人的習慣

VS

培養
好習慣

誠信

負責

自信

善於與人交往

糾正
壞習慣

不孝順

不講文明禮貌

任性

冷漠

虛榮

培養 好習慣

一、誠信

所謂誠信，就是誠實、守信用。誠實守信是人的立身之本，是全部道德的基礎。一個言而無信的人，是不堪為伍的；一個言而無信的民族，是自甘墮落的。

孔子說："人而無信，不知其可也。"孟子說："君子養心莫善於誠。"可見誠信對一個人來說有多麼重要。一個人要養成好的人格，沒有什麼比誠信更好的了。

的確，如果你的生活中缺少了誠信，就會失去大家對你的信任，成為一個讓大家痛恨的人。周圍的人不知道你說的哪一句話是真的，哪句話是假的。漸漸地，你說的話沒有人相信，你失去了做個正直的人最起碼的資格！

誠信的習慣具體包括以下幾個方面：

① 遵守諾言、說話算數

諾言是一個人對他人或自己所做的承諾。這種承諾可能是以語言的形式外現出來，也可以是人在心裡對自己所做的某種比較鄭重的決定。簡單地說，就是一個人要說到做到。

信守諾言的力量強大，在中國歷史上有很多著名的例子：

春秋時期晉文公為圖霸業決定攻打原國。晉文公和士兵約定用七天時間攻打原國。晉國到了原國後，受到了頑強的抵抗，七天之後，原國仍然沒有投降。於是晉文公下令撤軍。

所有人都不理解，謀士和將軍們都勸阻晉文公說，再堅持幾天就可以攻下原國了，但是晉文公仍然堅持要撤軍。他說：我已經和士兵們約好以七天為限，現在七天已過，我不能失去信用。信用是國家的珍寶，如果得到了原國而失去了國家的珍寶，我不能這樣做。於是晉軍撤離了原國。

第二年，晉文公又親自率領大軍攻打原國。這一次，他與士兵約定：一定要攻下原國才罷兵。原國人一聽到晉文公和士兵的約定，馬上就投降歸順晉國了。衛國人聽到這件事以後，認為晉文公的信用已經達到了極點，也就歸順了晉國。

不久，晉文公就成為了天下諸侯的霸主。

我們許下諾言，就一定要去實現它，這是我們在這個社會立足的根本。一個人一再地違背自己的諾言，就沒有人會相信他，在別人眼中他也就成為了一個十足的小人。跟他打交道的時候，別人會一直在心裡想："我會不會讓這小子給騙了？還是別搭理他吧！"如果是這樣，他只會寸步難行。

② 實事求是、不說謊話和瞎話

所謂實事求是，就是從實際情況出發，不誇大，不縮小，正確地對待和處理問題。

實事求是要求我們對事物有一個如實的反映，謊言和欺騙是絕對不能存在的。我們做人做事如果不能做到這一點，不僅可能使我們的自身形象受到損害，有時甚至會帶來災難性的後果。

有這樣一個故事：

1946年7月4日，德國法西斯已經滅亡了一年零兩個月了。這一天，離華沙170公里遠的凱爾采市的幾百名群情激憤的市民衝向街頭，見猶太人就打、就抓、就殺，有的猶太人被抓到帕蘭蒂大街7號的一幢房子裡被活活打死。這場肆無忌憚的屠殺從早上10點持續到下午4點，有42人被殺害，其中2人是被誤認為是猶太人而被打死的。

說來令人難以置信，這次屠殺竟是由於小孩子說謊而引起的。赫里安，波蘭一個鞋匠的孩子，當時他和父母從20公里外的鄉村搬到凱爾采市，住了才幾個星期，對城裡的生活很不習慣。7月1日，他偷偷搭車回到鄉村小朋友之中，3天後他又溜回城裡。見兒子回來，父親不禁惱恨交加，拿起皮鞭就揍他，並大聲責問："你這頑皮鬼，這幾天跑到哪兒去了？是不是給猶太人拐去了？"孩子見爸爸兇神惡煞一般，害怕了，於是順水推舟地"承認"了這幾天是被猶太人拐了去，還謊稱猶太人把他拐到帕蘭蒂大街7號的一個地窖裡虐待他。

第二天上午，憤怒的父親到警察局去報案。在回家的路上，很多路人好奇地問父子倆發生了什麼事，父子倆繪聲繪色地說赫里安被猶太人拐去折騰了幾天，當時，雖然二戰已經結束了，但德國法西斯的排猶思潮陰雲並未完全散去。幾個群眾聽信了謊言，異常憤怒，揚言要對猶太人報復，而捏造的"事實"在幾個小時內一傳十，十傳百，越傳越走樣（甚至說赫里安被猶太人殺害了）。於是釀成了這一天對猶太人的屠殺慘劇。

赫里安在他此後的生命裡常常充滿了負罪感。帕蘭蒂大街7號如今已經重新修葺，改建為紀念館，讓世人不忘過去，珍惜今天。

可以說，這是由一則謊話引起的悲劇，赫里安因為沒有遵守實事求是的原則，而給猶太人帶來了這一慘禍。

每個人都會有過錯，百般掩飾只是自欺欺人，不說謊話、不編瞎話是每個人做到誠實面對自己的第一步。

③ 守時

守時也是一種誠信，守時，即按時間進行，固然不能遲到，但也不要提前太多。有些人覺得任何約定早一點總是好的。其實不然，一方面，如果提前到達而對方並未給予相應的回應，這豈不是浪費自己的時間？另一方面，如果對方知道你提前來了，不免給他造成不必要的困擾，也許他還沒有完全準備好。總之，單方面太過將約定的時間提前，與遲到一樣是不太禮貌的。最好是準時到達，這是最好的守時。

④ **真誠待人接物**

所謂真誠，是指真實誠懇，沒有一點虛假。在生活中，我們常常會說身邊的某人挺虛偽的，意思就是說這個人待人不真誠。要不就是常常擺出一副真誠的樣子，但並沒有誠心誠意去對待別人，要不就是說一套做一套。

隨着時間的推移，這樣的人就會慢慢地被人疏遠，如果還有人與他交往，也不能得到別人的真誠對待。為什麼呢？一個不以真誠待人的人，誰會對他付出真誠呢？所以，就算這樣的人還有朋友，也不過是一些同樣以虛偽來對待他的朋友罷了。

如果我們付出真誠，也一定會得到真誠的回報。

在生活中，竭誠幫助身邊需要幫助的人，對每一個人所說的每一句話，做的每一件事，都發自我們真誠的內心，這就是我們所說的真誠待人接物了。一切以內心的真誠為最高標準。

也許有人會說，的確，在生活中我就是以自己的真誠之心來對待每一個人，來做每一件事的。但是令人沮喪的是，我的真誠卻得不到別人真誠的回報，而屢屢讓我傷心失望。這也許是我們每個人在生活中都會遇到的事情，我們要堅信的是，在這個社會中，像我們一樣真誠待人接物的人一定是大多數，並且會越來越多。因為真誠是人生存於這個社會最寶貴的心靈之花。

培養要點

既然誠信是人的立身之本，那麼我們該如何來養成呢？

① **要有為做到誠信而付出的心理準備**

的確，有時候堅守誠信需要一定的勇氣和付出。

有位作者這樣回憶他曾經受到的關於誠信的教育：

第一堂英語課，宋老師將一張偌大的字母表掛在黑板上，逐個逐個地教我們學，課

好習慣

堂紀律很糟，但他似乎並不在意。下課時他告訴我們："學英語並不難，做好一個人卻更難。"

有一天上英語課，他發給我們每人一張白紙，要求我們按順序默寫出26個英文字母的大小寫，他說對此次測驗成績優異的學生，將給予特別獎勵。爾後，他若有所思地站在門邊，望着門外出神。20分鐘後，他似乎醒過神來，立即收上試卷，全班總共才五十幾個人。他很快閱完了所有的試卷，然後拍拍手，輕輕地宣佈：很好，除一個同學寫錯了3個字母外，其他同學都是100分。很高興有這麼多同學能得到獎勵。但在獎勵之後，我不得不警告這個學生——"張小哲，請你站起來！"

宋老師對他說道："我實在想不通，這麼簡單的幾個字母，全班同學都會，唯獨有你一個弄出差錯，你說你慚愧不慚愧？"

張小哲默不作聲。所有同學都幸災樂禍地盯着他。

"你必須回答我！"宋老師一反之前的慈祥態度，透露出一種近似殘酷的威嚴，"慚愧，還是不慚愧？"

"我不慚愧。"張小哲輕聲說。

"居然不慚愧，那麼，你憑什麼理由，難道大家錯了而你一個人是對的？快說，什麼理由？"宋老師近乎歇斯底里地吼道，並一步步逼近，臉上的表情很奇怪。

我們不再幸災樂禍，心裡開始為張小哲捏一把汗。

"我有理由，但我絕對不說。"張小哲眼裡噙滿了淚水。"老師，你要是逼我，我現在就離開學校。"說着，他真的拎起了書包。

沉默，短暫的沉默。宋老師向張小哲走過去，雙手搭在他的肩頭上，一改剛才的暴怒，溫和地說："好吧，我不再逼你，你坐下吧。"

他退回講台，掃視着全班學生，語重心長地說："第一天上課我就講過，學好英語並不難，但做好一個人卻更不容易。我不急於知道你們的成績，但很想知道你們的為人，所以才有今天這個測驗。請大家抬頭仔細看看我身後那張字母表——你們以為我忘記摘下了字母表。除張小哲以外，你們全都照抄不'誤'。他沒得到100分，但他是個誠實的孩子。所以，他敢說自己不慚愧。這種信守誠信的勇氣非常難得，很少有學生能在老師的逼迫下堅持這一點的。請大家記住這一點：重要的不是成績，而是品格。"

為了維護做人的誠信，我們也常常需要像故事中的張小哲一樣，付出自己的勇氣。

② 從小事做起

有很多人總是想，對於答應過的重要的事情，我一定會做到"誠信"二字，可是，人無完人，有時候生活中的小事不能完全做到誠信，也是可以的吧？確實，在生活中有這樣一些人，一再違背自己的諾言，他們把承諾當作一件很隨便的事，答應了就答應了，根本沒有想要去實現它。甚至還會認為，這是聰明人的做法，只有傻子才會堅守誠信。

可是，正因為是小事，才需要我們在一開始的時候就去認真對待，因為如果不是這樣，不守誠信就會變成人的一種習慣，那麼一旦真的有非常重大的事情時，習慣會讓你再一次不守誠信。到這個時候，你就變成了一個毫無誠信的人了。

③ 管住自己的嘴巴，不要說超出自己力量的諾言

你告訴朋友你可以不坐公車，和他一樣每天一起騎自行車上學，可是第二天你就嫌騎車上學太累又慢，找個藉口拒絕了，全然忘記了當初拍胸脯許諾時的樣子。

你自己說過的話，你應該實現，不管代價是什麼。你有能力說出那樣的話，你就要有能力去實現它。如果實現不了，當初就不要答應，言而無信的小人是大家最深惡痛絕的。你要記住，信口開河的人會經常忘記自己的許諾。

可是你沒有，你先是誇下海口，告訴大家你多麼有能力，許下種種諾言，暫時贏得了一些面子。可是等到要兌現的時候，你一再給自己找理由，根本沒想去或者沒能力去實現它。你告訴自己，這不是我分內的工作，我沒有必要去做。

就這樣，你一次次地讓大家失望，他們都知道了你是一個只會說大話的小人，他們再也不會和你打交道，於是你的朋友越來越少。

④ 誠信並不意味着人就要獃板處事

現在，在一些人的心裡，總以為講誠信、做一個老實人就是傻瓜的代名詞。其實不

29

是，我們說講誠信，決不是讓我們變成一個不懂得變通的傻瓜，而是讓我們在對人處事時以誠實面對，絕不用虛假的東西去招搖撞騙。面對變化了的形勢要學會變通，同時又能做到誠實以對，這才是更高層次的誠信。

自我評估

● 你答應幫朋友一個忙，卻給自己找了種種藉口不去兌現。

● 上個週末，你答應幫一個因為生病而耽誤了功課的同學去他家幫助補習，最後卻因為天氣太熱而沒有去。

● 你告訴過媽媽，週六功課複習完了就幫她做一次全家的衛生大掃除，可是週六那天你放下課本抱著籃球就出去了，早已經把這事忘得一乾二淨。

● 你一個月之內總會有幾次在上課鈴響了才衝進教室。

● 你為了在期中考試中考得更好的成績，曾經對自己說，從今天起晚上不再看你喜歡的電視劇，可是，當你聽到主題曲響起來的時候，忍不住又看起了電視。

● 你不小心把家裡的花瓶打碎了，卻說是貓跳上桌子打翻的。

● 你是科代表，向老師承諾你會在每節物理課前幫老師把儀器擺放好，可是你常常忘記，所以老師經常不得不自己來做這項工作。

二、負責

所謂負責，是指擔負責任的意思。這個責任有可能是因為自己的言行所帶來的後果所必須負的責任，也可能是以天下事為己任的責任心。

是否具有責任心，是衡量一個人是不是現代人的主要標誌之一，也是衡量少年兒童社會化水平的關鍵指標之一。在現代社會裡，人們相互依賴的程度越來越高，分工越細，越需要責任心，因為任何一個環節的失職，都可能導致整個事業的崩潰。一代代人的責任心，將對人類的生存產生越來越大的影響。

對於個人來講，只有一個人意識到要主動承擔責任的時候，他的美好人格才在開始形成。他也才有可能成為一個真正的人。責任是一個人必須為之付出努力的任務，無論大小都應該重視，人的能力和責任心是相輔相成的，真正偉大的人連任何小責任都不會忽視。

曾經有一位教育專家在談到人最基本的素質時說道：人生有三底色。一是自信，連自己都不相信自己，誰還能相信你？二是善良，有惻隱之心，方可助人不倦，而助人者天助也；三是責任，主動承擔責任是決定個體價值的唯一形態。而也只有有責任心的人，才能成為獨立的人，而只有有了獨立能力，才能懂得思考、懂得判斷和選擇、懂得創造和創新。

所以，責任心是一種非常重要的素質，是做一個優秀的人所必需的。而主動承擔責任，意味着個體願意主動去為他人或集體做更多的事情，願意去冒更多的風險，也願意付出隨之而來的可能會有的代價。

事實上，勇於承擔責任的習慣僅僅是衡量一個人有無責任心的一個方面。關於責任心的內涵，還包括如下幾個方面：

① 自己的事情自己做

所謂自己的事情，是指在日常生活和學習中，完全屬於自己個人必須面對的事情，而這些事情往往也是憑藉自己的力量和經驗就可以完成的工作。

在我們周圍，有好多孩子5歲了吃飯還要人餵、不會穿襪子、自己不洗臉、洗手洗不乾淨等等，在我們身邊也有很多人會彈鋼琴不會繫鞋帶，會背唐詩不會穿衣服。更別指望這些孩子能幫父母做點什麼了。

生活能力太過低下，我們以後如何獨立面對社會、面對生活中即將出現的各種困難呢？一個連生活都不會自理，什麼都要依賴別人的人，又怎麼可能在競爭中立足，並像我們的父母所期望的那樣 "出人頭地" 呢？

好習慣

② 經常反省

每一個單獨的個體，在生活中都會碰到各種各樣的人，發生許多意想不到的事，這些人和事，一定會帶來許多挫敗，這些挫敗就是我們人生中必須經歷的教訓，可並不是每一個人都能從教訓中學到經驗。有的人只有人生的教訓，而沒有人生的經驗，這樣的人生常常是敗筆。

從教訓到經驗，中間還有一個轉換的過程，那就是總結和反思。

總結常常是將我們在生活和學習中促進成功和進步的方法和思想理出條理來，形成行之有效的理論，以便下次遵照執行；而反思，則大多是我們在生活中遇到挫折或失敗之後，及時進行的反省，以免重蹈覆轍。

③ 正確面對錯誤並承擔責任

人難免會犯錯，但人可以發揮主觀能動性來認識並改正自己的錯誤。可要做到知錯就改卻不太容易，有的人犯了錯不思悔改，死要面子，怕出醜，往往在人生的道路上因此摔更大的跟頭。

人的成長，更是一個不斷犯錯的過程。犯錯是成長着的孩子的權利，沒有一次次錯誤帶來的教訓，我們也就不會有那些成長的經驗。但前提是必須有知錯就改的習慣。光承認是沒有力量的，對於有些錯誤造成的不良後果要想辦法彌補，要改。也就是説，對於錯誤不能只是停留在口頭的層面，關鍵還是要體現在行動上：

在美國南北戰爭初期北軍的失敗，給林肯帶來了極大的煩惱。

這天，有一位養傷的團長直接向總統懇求准假，因為他的妻子遇難，生命垂危。

林肯聽後，厲聲斥責他：

"難道你不知道現在是什麼時候嗎？戰爭！苦難和死亡壓迫我們，家庭的感情在和平時期會使人快活，但現在它沒有任何餘地了！"

團長失望地回旅館。

翌日清晨，天還沒亮，忽然有人叩房門，團長一看，是總統本人。

林肯握住團長的手説：

"親愛的團長，我昨晚太粗魯了。對那些獻身國家的，特別是有困難的人，不應該那樣做。我懊悔一夜，不能入睡，現在請你原諒。"

林肯替他向陸軍部請了假，並親自乘車送那位團長到碼頭。

④ 服務於他人、服務於社會的責任感

人不可能脫離社會而獨立存在，必須依賴於很多人。比如我們所走的每一步路，都有無數的人在為我們服務，無數的道路建設者、養路工人、清潔工人、司機、交警等等，更不用說吃的糧食、穿的衣服、工作和娛樂了。

培養要點

① 學會自我服務，從對自己主動承擔責任開始

② 可以從主動承擔一定的家庭勞動開始

比如打掃衛生、負責給花澆水等。

③ 可以對家裡的一些日常生活提出自己的建議

④ 多關注父母的內心感受，把父母的憂愁當作自己的憂愁

雖然父母總是希望我們能無憂無慮地成長，所以盡量把一切不愉快的事都遮蓋起來，就是怕影響我們的成長。可是我們也要知道，只要是人，在生活中就會遇到難題，也會發生一些不愉快的事。父母在我們眼裡，常常是無所不能的，因為他們總是能滿足我們的願望。但是，在成人的世界裡，也有他們難以解決的困難，也會有讓他們傷心的事情發生。這個時候，就需要我們能夠主動為父母分憂解愁，就算不能解決問題，也要讓父母感受到我們主動為他們分憂的心，這對他們來說，也是莫大的安慰。

⑤ 在班級生活中，多為他人和集體考慮，所有需要努力付出的事情能夠積極付出

有為他人服務的意識，是社會對一個現代人最基本的要求，它不是一種品質，而應該是一種習慣。

好習慣

自我評估

● 你每天都會把複習功課、做作業作為放學後的首要任務嗎？如果是這樣的，那麼是因為父母或者老師的要求，還是因為你覺得本來就應該這麼做？

● 看到別的同學考試成績好，你會覺得那是因為他比你聰明，還是因為他的父母輔導得比較好？或者因為他請了家教？

● 自己要學習好，是因為如果學不好父母會責罵你，老師會不表揚你嗎？

● 如果成績沒有考好，你會覺得是自己太笨，還是覺得自己努力得不夠？

● 如果自己的學習很長一段時間都上不去，你會不會覺得因為自己的父母文化水平都一般，自己的成績不好是可以理解的？

● 獲得好成績後，你會向父母或者同學誇誇其談自己的學習經驗嗎？

● 有幾次的考試成績不好，你會考慮是自己的學習方法不太好，或者不夠努力呢？還是會懷疑自己的智力開始下降了？

● 成績不好的時候，爸爸媽媽說了些不好聽，甚至很難聽的話，你覺得他們是在苛刻地要求你，還是覺得自己可能是努力不夠，還需要改善學習方法呢？

● 如果你的成績中等，爸爸媽媽不太滿意，你會不會告訴他們還有好多同學不如自己呢？

三、自信

　　自信是一種自己相信自己的感覺。這種感覺引導着一個人的判斷。更重要的，它是引導個人走向的分界線。

　　信心的威力並沒有什麼神奇或神秘可言。信心起作用的過程是這樣的：相信“我確實能做到”，於是產生了能力、技巧和精力這些必備條件，每當一個人相信“我能做到時，"自然就會想出"如何去做"的方法。

自信應該包括如下內容：

① **樂觀為強：相信自己潛能，凡事做出積極的選擇**

② **不自卑**

一個人如果很自卑，那麼他在生活中的表現一定是很糟糕的，直接的後果就是會一直碌碌無為。自卑是如何影響一個人的一生呢？自卑會控制一個人的生活，在他有所決定、有所取捨的時候，去抹殺他的勇氣與膽略；當他碰到困難的時候，自卑站在他的背後大聲地嚇唬他；當他要大踏步向前邁進的時候，自卑拉住他的衣袖，叫他小心地雷。

所以，我們要趁早遠離自卑：

一個貧困家庭的黑人孩子，從小就非常自卑。父母都靠出賣苦力為生，這個孩子一直認為，像他這樣地位卑微的黑人，不可能有什麼出息。

一次，父親帶他去參觀畫壇巨擘梵高的故居，看過那張小木床及裂了口的皮鞋後，他不解地問父親："他不是百萬富翁嗎？"父親答道："他是位連妻子都沒娶上的窮人。"

第二年，父親又帶他去參觀童話大師安徒生的故居，他再次困惑了："爸爸，安徒生不是生活在皇宮裡嗎？"父親說："安徒生是鞋匠的兒子，他就生活在這棟閣樓裡。"

此後，這個男孩振作精神，發奮努力，終於大有作為。

他，就是美國歷史上第一位獲得普利策獎的黑人記者里克·布拉格。20年後，里克·布拉格說："上帝沒有輕看卑微的意思，是兩位貧賤的名人促使我走向了成功。"

里克·布拉格的父親讓梵高、安徒生告訴他的兒子，如果因為角色卑微而否定自己的智慧，因地位的低下而放棄自己的理想，甚至因被歧視而一直消沉，為不被賞識而一蹶不振，是多麼愚蠢的錯誤啊！他以名人為榜樣，在兒子的心田裡，播下自信的種子，從而使卑微的土壤長出了參天的大樹。

③ **只看我所有的，不看我所沒有的**

有這樣一個事例：

好習慣

有一次，一所學校請來從小就患腦性麻痹的博士黃美廉來為學生們進行一次有關於生命的演講會。

黃美廉因為這種奇怪的病，她的五官已經錯位，甚至可以說，她是一個很醜陋的人。

當演講進行到一個段落後，一個學生小聲地問："請問黃博士，你從小就長成這個樣子，請問你怎麼看你自己？你都沒有怨恨過嗎？"大家心頭一緊，真是太不成熟了，怎麼可以在大庭廣眾之下問這個問題？

"我怎麼看我自己？"黃美廉用粉筆在黑板上重重地寫下這幾個字，她寫字時用力極猛，有力透紙背的氣勢，寫完這個問題，她停下筆來，歪着頭，回頭看着發問的同學，然後嫣然一笑，回過頭來，在黑板上龍飛鳳舞地寫了起來：

一、　我好可愛！

二、　我的腿很長很美！

三、　爸爸媽媽很愛我！

四、　我會畫畫！我會寫稿！

五、　我有隻可愛的貓！

六、……

教室內忽然鴉雀無聲，沒有人敢講話。她回過頭來定睛看着大家，再回過頭去，在黑板上寫下了她的結論："我只看我所有的，不看我所沒有的。"掌聲在學生中響起，黃美廉傾斜着身子站在講台上，滿足的笑容從她的嘴角蕩漾開來，眼睛瞇得更小了，有一種永遠也不被擊敗的傲然寫在她臉上。

如果你真的不幸有某些身體方面的缺陷，那麼就算你整天以淚洗面也於事無補，只有正視現實，並且不要把自己看得與別人不一樣，你應該告訴自己：我和所有人都是一樣的。

④ 不怕失敗，越挫越勇

一個自信的人不可能完全避免失敗，而失敗恰恰是對一個人自信心的挑戰。一個人是否有頑強的毅力，關鍵是看他如何面對失敗與挫折。

在古希臘神話中，有一個西緒弗的故事：

西緒弗因為在天庭犯了法，被天神懲罰，降到人世間來受苦。他受的懲罰是要推一塊石頭上山。每天，西緒弗都費了很大的勁兒把那塊石頭推到山頂，然後回家休息，可是，在他休息時，石頭又會自動滾下來，於是，西緒弗又要把那塊石頭往山上推。這樣，西緒弗所面臨的是：永無止境的失敗。天神要懲罰西緒弗的，也就是折磨他的心靈，使他在"永無止境的失敗"命運中，受苦受難。

可是，西緒弗不肯認命。每次，在他推石頭上山時，天神都打擊他，告訴他不可能成功。西緒弗不肯在成功和失敗的圈套中被困住，他想着：推石頭上山是我的責任，我只是要把石頭推上山頂。至於是不是會滾下來，那不是我要想的事。

所以，每天當西緒弗努力地推石頭上山時，他心中都十分平靜。

天神因為無法懲罰西緒弗，就放他回到了天庭。

西緒弗的所有秘訣只有兩句話：相信自己的內心，不屈不撓，堅持到底。

培養要點
① 經常暗示自己是優秀的

一個冷酷無情且嗜酒如命的人，在一次酗酒過量之後，把酒吧裡自己看不順眼的服務員給殺了，結果被判終身監禁。他有兩個相差一歲的兒子，其中一個因為時常背負着有這樣一個老爸的強烈自卑而最終也染上了吸毒和酗酒的惡習，結果他也因為殺人而步入監獄。另一個孩子，他現在已經是一個跨國公司的ＣＥＯ，並且組建了美滿的家庭。說起來可能有些人不相信，造成這種差距的僅僅只是因為他不把自己有個殺人父親當作自卑的負擔放在自己身上，他在做任何一件事情前不斷告訴自己："有一個殺人父親的事實雖然不能改變，但是我可以改變自己，我依然是最出色的。"

所以，我們要經常跟自己說"我是優秀的"。做事情的時候，我們必須總是想着"一定可以"，因為本來我們就是出色的。這樣做，可能一開始會不太習慣，但是時間

好習慣

長了，經過幾件成功的事情後，我們會慢慢發現原來自己一直都是最棒的。

② 從小目標做起

在我們決定要自信地去做事情的時候，一定不要好高騖遠，要確立合適的目標，從小事做起。也就是先從自己能幹的事情開始，先用小步子來調整自己的心理。

一個人不能沒有長遠的打算，但是，當這些長遠的目標制訂出來以後，多設一些中間目標，一步一步完成。經常用完成的中間成就值來鼓勵自己，可以不斷地消除你的自卑感，增強你的信心。

③ 不要有永遠無法滿足的虛榮心

自卑與自傲看起來距離很大，實際上卻是孿生姐妹。一般來説，自卑心理強的人往往有過高的自尊心，他們心理包袱很大，不能輕裝前進。有些時候，虛榮心會督促一個人努力奮鬥，可是一旦失敗，他就會比平常還要失望，他的信心所受到的打擊也較平常要大得多。

所以，不要有太強的虛榮心，盡量保持一種平和心態是非常重要的。

④ 忘掉曾經發生過的不愉快

很多不自信的人往往是因為沉浸在過去的痛苦經歷中不能自拔，做事之前總是會聯想到與這件事相似的失敗經歷。

最好的辦法就是，當你想到過去不愉快的經歷時，要迅速轉移目標，經常用愉快的事情來調節自己。學會改變自己內心的憂愁，等於剷除自卑產生的土壤。

⑤ 去做曾讓我們害怕的事

建立自信心最快、最確實的方法，就是去做曾經讓我們害怕的事，直到獲得成功的經驗。

上課故意坐到第一排。我們觀察一下，上課時後面的座位總是先被佔滿，大部分佔據後排座位的人，都希望自己不會太顯眼，他們怕受人注目的原因就是缺乏自信。

學會正視別人。不正視別人通常意味着：在你旁邊我感到不自在，我覺得自己不如你。

學會當眾發言。有很多思路敏捷的人，卻無法發揮他們的長處參與討論。並不是他們不想參與，而只是因為他們缺少自信。

學會在陌生人面前展示才華。如果家裡來了客人，我們可以在父母的協助下展現一個自己的特長，無論是彈一曲鋼琴曲、唱支歌還是跳個舞都可以。

自我評估
- 跟朋友出去郊遊，由於朋友走得快了點，你會以為他們在孤立你、看不起你；
- 跟朋友在一起的時候，你是不是經常無緣無故地覺得自己有什麼地方做得不好；
- 朋友開玩笑地提一件你比較尷尬的事情的時候，你不會跟他說："嘿，你這傢伙，真不給面子啊！"而是自以為巧妙地轉移話題；
- 與班上的異性同學一起外出的時候，你是不是經常有意無意地離對方遠一些？
- 挑選自己的衣服時，你總是詢問別人的意見嗎？
- 跟一群人在一起的時候，你會離那些不如你的人比較近；
- 走在路上，你喜歡低着頭，而不是左顧右盼；
- 在與人交談時，你不敢抬頭和對方目光交流，而是低頭或者看別處；
- 當你進入會場，如果這時很多人的目光都集中在你身上，你會感到局促不安；
- 你有時向別人詢問一些你已經確定了的事情。

四、善於與人交往

所謂善於與人交往，指的是一個人在處理與他人的關係時游刃有餘的一種能力。現代社會沒有單打獨鬥的英雄，我們所要成就的任何一件事，都可能需要與人發生這種或那種的關係。這就需要我們具備這樣一種相關的能力。

善於與人相處的內涵，應該包括如下六個方面：

① 樂於助人

在與人的相處中，我們經常習慣性地考慮這個人對自己有沒有幫助。簡單地說，就是我們經常以自己的需要為出發點來作為與他人相處的目標。可是一個真正懂得與人相處的人是不會這樣做的，相反，他首先考慮的會是對方需要的是什麼。也就是說，只有當我們給予了別人想要的東西，我們才可能從別人那裡得到我們想要的。

在每個人的心裡，都會有一些惻隱之心，那是我們身上最寶貴的東西之一。不光是看到別人陷入困境需要幫助時，我們要及時伸出自己的援手；當別人在通向成功的頂峰而攀登時，我們也要能夠給別人一點前進的動力。在幫助別人成功之後，自然會在助人為樂之餘得到回贈，那不僅是物質上的，同時還能得到精神上的快樂。生活中，不妨多做些既幫助別人也娛樂自己的好事：

有一天，一個人和一個旅伴穿越高高的喜瑪拉雅山脈的某個山口時，看到一個躺在雪地上的人，於是他想停下來幫助那個人，但他的旅伴說：“如果我們帶上他這個累贅，我們就會丟掉自己的命。”但他沒有聽旅伴的話，他不能想像丟下這個人，讓他死在冰天雪地之中的情景，於是他決定帶着這個人一起走。

當他的旅伴跟他告別時，他把那個人抱起來，放在自己的背上。他使盡力氣來背這個人往前走。漸漸地，他的體溫使這個凍僵的身軀溫暖起來，那人恢復了行動能力，於是兩個人並肩前進。當他們趕上那個旅伴時，卻發現他已經死了——是凍死的。原來，背着人走路加大了運動量，保持了自身的體溫，和那個人一起抵禦了寒冷。

因為那一點惻隱之心，他救了倒在雪地上的人，結果他們互相溫暖都保住了生命，而那個旅伴卻由於自私而無法與人共同抵禦寒冷，失去了生命。

② 寬容

寬容不僅是一種美德，也是一個善於與人交往的人必備的素質之一。

在日常生活中，人與人之間的交往難免會出現一些誤會或經意與不經意之間的磕磕碰碰，輕者可能會令人感到不便或不快，重者可能會給人造成麻煩甚至傷害。每逢遇到人與人之間的磕碰，不同的人會採取截然不同的處理方法，因而也會有不同的結局。有些人會義憤填膺、怒髮衝冠，你罵我一句，我必罵你兩句；你打我一下，我必還你兩下；你拍我一磚，我定要還你一棍。於是導致衝突升級。在我們身邊因為一兩句話不對而引發對罵、打鬥，甚至鬧出了人命的事件時有發生。而另外一些人在遭遇到別人的得罪或傷害之後，卻採取忍耐、寬容的態度，以德報怨，這樣不僅化干戈為玉帛，而且還收到了意想不到的效果。

③ 團結友善

團結友善是善於與人交往的另一個重要內容。在生活中我們也常常會有這樣的體會，一個人如果不善於團結他周圍的人的力量，那麼他是很難得成就大事的。所謂眾志成城，如果連周圍人都不能團結起來，又何來"眾志"呢？有一個故事是這樣的：

一個老人有7個兒子，但他們經常為了一些小事爭吵。一些壞人常挑撥兄弟的關係，希望到他們父親死後可以騙取他們的財產。

老人知道了這個陰謀。一天，他把7個兒子都叫到跟前，指著綑在一起的7根木棍說："誰能把這綑木棍折斷，誰就能得到我的遺產。"

每個人都想得到老人的遺產，都使出了全身的力氣去折那綑木棍，臉憋得通紅，但沒有一個人能把這些木棍折斷。

"孩子們，其實要折斷這些木棍很簡單。雖然我現在老了，但是即使像我這樣的人都能折斷它們。"父親說。然後他將木棍綑兒打開，很輕鬆地將它們一根一根地折斷了。兒子們這才恍然大悟，"這樣做太容易了，如果這樣，每個人都能做到。"

父親這才說出了真正想說的話："我的孩子們，其實你們就像這些木棍，只要你們團結在一起，互相幫助，你們就會很強大，任何人都不能傷害你們。但是如果你們分開，任何人都能把你們一個一個地折斷。我活著還能把你們綑在一起，我就像綑這些棍子的繩子，但是我就要離開你們了，離開了綑綁你們的繩子，你們還能團結在一起，互相幫助嗎？"老人語重心長地說。

兒子們終於明白了父親的用心良苦，七雙手緊緊地握在了一起。

41

看到兒子們這樣團結，老人可以放心地離開這個世界了。

④ 平等待人

所謂平等待人，是要求做到對任何人都沒有態度上的區別，對所有的人都一視同仁。它要求我們對那些有權有勢的人不諂媚，對那些困窮的人不歧視，對那些身有殘疾的人更加不能瞧不起，而要以平等的人格來對待。

⑤ 學會感恩

一個不懂得感恩的人，是絕對無法順利與人交往的。試想，如果一個人不懂感恩，別人又如何能長久地無償地單方付出呢？這裡所說的感恩，並不是說當我們得到了他人幫助後，就一定要給付同等的物質上的回報，它還指精神上的回報。比如，當我們在公交車上得到別人的讓座後，如果我們以一種理所當然的態度坐下去，連一句謝謝都沒有，那麼，下次誰還會來讓座呢？有這樣一個故事：

在一個小鎮上，饑荒讓所有貧困的家庭都面臨着危機，因為對於他們來說，最起碼的溫飽問題都難以解決。

小鎮上最富有的人要數麵包師卡爾了。他是個好心人，為了幫助人們度過饑荒，他把小鎮上最窮的20個孩子叫來，對他們說：“你們每一個人都可以從籃子裡拿一塊麵包。以後你們每天都在這個時候來，我會一直給你們準備麵包，直到度過饑荒。”

那些飢餓的孩子爭先恐後地去搶籃子裡的麵包，有的為了能得到一塊大點的麵包甚至大打出手。他們心裡只想着要得到麵包，當他們得到的時候，立刻狼吞虎嚥地把麵包吃完，而且沒有一個人想到感謝好心的麵包師。

不過，麵包師注意到一個叫格雷奇的小女孩兒，她穿着破舊不堪的衣服，每次都在別人搶完以後，她才從籃子裡拿剩下的那塊最小的麵包。然後她總會記得親吻麵包師的手，感謝他為自己提供食物。不過她並不立即吃掉那塊麵包，而是拿着回家。麵包師想，她一定是回家和自己的家人一起分享那一小塊麵包，多麼懂事的孩子呀！

有天，那些孩子和前一天一樣搶奪較大的麵包，可憐的格雷奇最後只得到了前一天一半大小的麵包，但她仍然很高興。她親吻了麵包師的手後，拿着麵包回家了。到家後，當她媽媽把麵包掰開的時候，一個閃耀着光芒的金幣從麵包裡掉了出來。媽媽驚獃了，對格雷奇說：「這肯定是麵包師不小心掉進來的，趕快把它送回去吧。」

小女孩兒拿着金幣來到了麵包師家裡，對他說：「先生，我想您一定是不小心把你的金幣掉進了麵包裡，幸運的是它並沒有丟，而是在我的麵包裡，現在我把它給您送回來了。」

麵包師微笑着說：「不，孩子，我是故意把這塊金幣放進最小的麵包裡的。我並不是故意要把它送給你，只是希望最文雅的孩子能得到它。是你選擇了它，現在它是你的了，算是對你的獎勵。希望你永遠都能像現在這樣知足、文雅地生活，用感恩的心去面對每一件事。回去告訴你媽媽，這個金幣是一個善良文雅的女孩兒應該得到的獎勵。」

⑥ 尊重不同意見（學會傾聽）

尊重他人是與人順利交往中最重要的一個因素，也是吸納一切智慧的必要態度 。因此，從小學會用心傾聽各種聲音，是現代青少年應有的良好素質。

同時，對一切來自他人的幫助都應心存感激，對於一切妨礙他人的行為都應心存愧疚。

美國一位資深外交官曾對周總理在外交活動中注意「傾聽」的風格留有深刻的印象。他說：「凡是親切會見過他的人幾乎都不會忘記他。他身上煥發着一種吸引人的力量。長得英俊固然是一部分原因，但是使人獲得第一個印象的是眼睛。你會感到他全神貫注於你，他會記住你和他說的話。這是一種使人一見之下頓感親切的罕見天賦。」

對於青少年來說，學會傾聽，意味着學會心靈與心靈之間的溝通。這是因為「傾聽」雖然只是一種談話的方式，但它卻蘊涵着巨大信任。試想，有人找你，或者向你訴說怨尤，或者向你袒露心曲，即便只是向你介紹情況，表達見解，也是把你當作可信賴的對象，也是敞開心扉讓你閱讀。在這種氛圍中，你的傾聽就不僅是資訊上的接受，就不僅僅要做到行為上的端正，更需要有一種情感上的投入，有一種心靈上的應答。若是表現得心不在焉，無動於衷，只能磨損別人的感情，毋談心靈間的溝通了。

與此同時，善於傾聽也能擴大人際交往。因為只有傾聽，才能在同伴中建立信任；

好習慣

只有傾聽，才能瞭解他人的思想、個性愛好和期盼；只有傾聽，才能捕捉到外界的各種資訊，以利於自己作出正確的思考和判斷。

培養要點
① 不要抱怨

無論是抱怨對方，還是抱怨與之不相關的人與事，都是與人相處的大忌。一個愛抱怨的人，就像一個不良情緒的垃圾桶。

生活中的很多人不停地在抱怨，抱怨世道不好，抱怨學校並非名校，抱怨學校的飯菜就像豬食，還抱怨沒有一個有錢有勢的老爸，抱怨空懷一身絕技沒有人賞識……

抱怨會讓我們的處境更糟。

當你眨着無辜的眼睛哭訴自己的不幸，可是你這個愛抱怨者，你難道不知道很多抱怨都是你自己一手造成的嗎？你的學習不認真，老師自然會找你談話；你不注意鍛煉身體，自然會經常生病；你經常暴食暴飲，導致身體過胖，當然也就沒有合適你的衣服穿；你不看天氣預報，被雨淋了又能怪誰？你抱怨的時候總不從自己身上找原因，養成習慣之後，你再也不願意反省自己，這樣的人生還會有什麼提高？

抱怨會讓我們失去身邊的朋友，影響與周圍的良好關係。

當你一個人把抱怨當成了習慣之後，會逐漸失去與別人交流的機會與能力。想一想，在你心情很好的時候碰到一個傢伙，一上來就抱怨天氣有多麼糟糕，他的生活多麼黯然無味，你的大腦會隨着他的語言思考，結果你腦中的畫面是一副副不愉快的景象，你的心情因此大打折扣。下一次，你就會盡量避開與這個傢伙交流。

② 必須學會讚美

人本性上的需求之一是期望被讚美和被尊重。這如同食物和空氣對我們一樣重要。

可是你希望別人說你好，卻從來都吝嗇對別人的讚美。你不知道一句話、一個微笑、一個肯定的眼神有時就能給人無限的鼓舞和溫暖，甚至可以打開一片天空。

你得到老師的寵愛，同學的信任，朋友的喜愛，反過來，你也能以最溫柔的心來對待他們，對他們微笑與讚美，那麼你在與人交往中就絕不會像吃了大蒜不刷牙一樣招人討厭，相反，你吐氣如蘭，別人會喜歡你，願意與你交往，讓你感到這個世界的美好。

③ 懂得與人分享

沒有人願意聽無休止的抱怨，但是，卻沒有人不願意與人分享成功與快樂。當我們把自己的快樂傳遞給我們身邊的每一個人時，收穫的就是雙倍的快樂。樂於與他人分享快樂的人，一定是一個受人歡迎的人，因為大家知道，只要他的到來，就會給人帶來好的消息與笑聲。試想，這樣的人，誰不會願意與他交往呢？

反過來，如果一個人不懂得與人分享快樂，他本人也必定是寂寞的。

有這樣一個故事：

有一位猶太教的長老，酷愛打高爾夫球。在一個安息日，他覺得手癢，很想去揮杆，但猶太教規定，信徒在安息日必須休息，什麼事都不能做。

這位長老卻終於忍不住，決定偷偷去高爾夫球場，想只打九個洞就好了。由於安息日猶太教徒都不會出門，球場上一個人也沒有，因此長老覺得不會有人知道他違反規定。然而，當長老在打第二洞時，卻被天使發現了。天使生氣地到上帝面前告狀，說這個長老不守教義，居然在安息日出門打高爾夫球。

上帝聽了，就跟天使說他會好好懲罰這個長老。

第三個洞開始，長老打出超完美的成績，幾乎都是一杆進洞。長老興奮莫名，到打第七個洞時，天使又跑去找上帝說：「您不是要懲罰長老嗎？為何還不見有懲罰？」上帝說：「我已經在懲罰他了。」

直到打完第九個洞，長老都是一杆進洞。因為打得實在太過癮了，於是長老決定再打九個洞。那個天使又去找上帝了。說：「到底您說的懲罰在哪裡？」上帝只是笑而不答。

打完十八洞，長老的成績比任何一位世界級的高爾夫球手都優秀。天使很生氣地問上帝：「這就是你對長老的懲罰嗎？」上帝說：「是的，你想想，他有這麼驚人的成績，以及興奮的心情，卻不能跟任何人說，這不是最好的懲罰嗎？」

好習慣

④ 謙讓與合作

謙讓與合作是現代人必備的素質之一。謙讓讓我們有更多的朋友，合作讓我們創造共贏的局面：

在一個原始森林裡，一條巨蟒和一頭豹子同時盯上了一隻羚羊。豹子看着巨蟒，巨蟒看着豹子，各自打着算盤。豹子想：如果我要吃到羚羊，必須首先消滅巨蟒。巨蟒想：如果我要吃到羚羊，必須首先消滅豹子。於是幾乎在同一時刻，豹子撲向了巨蟒，巨蟒撲向了豹子。豹子咬着巨蟒的脖子想：如果我不下力氣咬，我就會被巨蟒纏死。巨蟒纏着豹子想：如果我不下力氣死纏，我就會被豹子咬死。於是雙方都死命地用着力氣。

最後，羚羊安詳地踱着步子走了，而豹子和巨蟒雙雙倒地。

獵人看了這一場爭鬥感慨地說："如果兩者同時撲向獵物，而不是撲向對方，然後平分食物，兩者都不會死；如果兩者同時走開，一起放棄食物，兩者都不會死；如果其中一方走開，一方撲向獵物，兩者都不會死；如果兩者在意識到問題的嚴重性時互相鬆開，兩者也不會死。它們的悲哀就在於把本該具備的謙讓轉化成了你死我活的爭鬥。"

自我評估

- 上學的路上，你看到一個老爺爺上車了，可是你沒有給他讓座，你認為你是小孩，他是大人，所以不用讓座；
- 前幾天有同學不小心把墨水灑到了你的襯衣上，雖然對方道了歉，可是你還是找老師告了狀；
- 因為某個同學學習成績不太好，所以做遊戲的時候，你常常故意不叫他；
- 班長和你關係不好，所以你專門和他作對；
- 昨天有幾個同學來替你補習功課，因為你生病耽誤了一天，可是你並不是很感謝他們，你覺得沒有他們，你自己也能補回來；
- 只要有人反對，你就不再理他了；

- 你的同桌經常說你愛發牢騷;
- 你覺得那些老說別人好話的人都是馬屁精;
- 你弄到了一本很好的練習題,偷偷地藏起來了,因為你怕別人知道了會比你學得更好;
- 有人問你問題,你知道也不告訴他。

好習慣

糾正

壞習慣

一、不孝順

孝順父母是自古至今的先賢們倡導的為子之道、做人之本，也是現代社會最基本的文明要求。但當今在優裕環境中成長的中小學生，有很多人不諳人情，不孝順父母。百善孝為先。一個人從小能做到孝順父母，推廣開去，便能懂得愛人、關心人、尊重人，具有社會責任感。

有個男人結了婚，生了個兒子。他十分疼愛自己的孩子，卻很討厭自己的老父親。他的老父親連路也走不穩了，到處磕磕絆絆的，除了吃飯和睡覺外，什麼事也幹不了。所以他很想把老父親打發走，便對自己的妻子說："讓老頭到外面的世界去闖闖吧。"

妻子懇求他讓老人留下，但他連聽都不願意聽。所以她只好說："那你就讓他帶上一條毯子吧。"

他心裡只想給老人半條毯子，嘴上卻說：「好吧，就讓他帶上一條毯子走吧。」

正在這時，他自己的兒子突然說：「父親，你不必給爺爺一條毯子，給他半條就行了，剩下的半條請你好好收藏起來，等我長大以後可以把它送給你，讓你也到外面的世界去闖一闖。」

兒子的話讓這位父親大吃一驚，趕緊留住了他的老父親，因為他已經知道如果自己這樣做，兒子將為他準備什麼。

不孝順主要有下面幾個方面的內容：

① 不體諒父母

現在的很多青少年因為父母對自己常常是有求必應，因此以為自己的父母是無所不能的，從來不知道父母也會遇困難，自己提出的要求一旦父母做不到，就開始不講道理地胡攪蠻纏，弄得父母既傷心又生氣。

不孝順父母的第一個表現就是不知道體諒父母的難處，從來只知道從自己的立場出發來考慮問題。很多人會嫌父母做的菜難吃，或者是從沒做自己最愛吃的好菜。可是他卻沒有想過，父母下班已經很累了，還要費心盡力地來做飯已經是一件不容易的事了。

② 隨意頂撞父母，常惹父母生氣

頂撞父母、惹父母生氣，這是不孝順最常見的表現。因為現在的父母也越來越想與孩子平等相處，所以在生活中並沒有刻意在孩子面前擺家長的架子。可是，有些不懂事的孩子就會認為這樣的父母是不需要去尊重的。這種心理表現在行為上，就是頂撞父母。在言語上，對父母沒有起碼的尊敬與客氣，甚至完全故意和父母反着來，父母說東，他非要說西，唯一的目的就是想讓父母生氣。

當然，這並不是說我們就要對父母百依百順。當我們發現了父母的錯誤之後，要明明白白地指出來，但是一定要講究方式方法，找到一種讓父母和我們都能夠接受的心平氣和的方式來談話，而絕不是要隨意頂撞父母，讓他們生氣。

③ 獨佔好的東西

很多人覺得自己是家裡的小孩子，好吃的、好玩的當然應該全部歸自己才對。其實這也是不孝順的一種表現。

　　我們想想，父母是出於他們對我們無私的愛，才心甘情願把一切好的東西都給我們。反過來，如果我們像父母愛我們那樣愛他們的話，是不是也應該像他們一樣做呢？可是在大多數情況下，我們不僅沒有主動把家裡最好的東西讓給父母，而是我們毫無謙讓地接過那些東西，更有甚者，是毫不讓人地把這些東西全都納入自己口袋實行獨佔。很多人只要餐桌上出現了自己愛吃的菜，就不許任何人動一下筷子；有了自己想看的電視節目，就不准任何人動一下遙控器；有了自己喜歡的玩具，連父母碰一下也不允許。眼裡只有自己，沒有他人，包括自己的父母，這哪裡算得上是一個孝順的人呢？

克服要點

① 內心有誠意

　　父母對我們的愛是無私的，雖然他們並不想要我們給什麼補償，但我們應有感恩的心。比如父母為我們做的事，我們要學着體諒他們的苦心。或者幫助父母做些力所能及的家務事，以減輕父母的辛勞。對於自己的生日，我們每個人都會很在意，可是，我們也應該為父母過一過生日，並不是説我們就要把父母的生日辦得如何熱鬧，其實哪怕在父母生日那天為他們做一件事情也好，關鍵在於表明父母在我們的內心也是很重要的。

② 學會體貼人和關心人

　　我們會生病，父母也會身體不舒服，而且他們經常會在一天的工作之後感到疲倦。也許父母生病的時候，總是讓我們不要接近他們，怕被傳染或是耽誤了學習時間。可是我們要知道，父母無論是病了還是累了，總是需要家人無微不至的關懷，如果這份關懷來自於我們，他們會倍感欣慰：

有三個婦人去井邊打水。

一個婦人說：“我的兒子很機靈，力氣又大，誰也比不上他。”

另一個婦人說：“可我的兒子會唱歌，唱得像夜鶯一樣悅耳，誰也沒有他這樣好聽的歌喉。”

第三個婦人默不作聲，另外兩個人奇怪地問：“你為什麼不談自己的兒子呢？”

她回答說：“我的兒子什麼特長也沒有，沒什麼好說的。”

談話間，她們的水桶裝滿了水，三個人提着水桶往回走。水桶很重，她們走走停停，手臂伸得越來越痛，背也越來越酸。

突然迎面跑來三個男孩，一個孩子邊跑邊翻跟斗，他母親露出了欣賞的神色。另一個孩子像夜鶯一般唱着歌，大家都凝神傾聽。第三個孩子跑到母親跟前，從她手裡接過兩隻沉重的水桶，提着走了。

③ 對父母也要講禮貌

我們很多人在學校或是在外邊與人交往的時候，會比較注意自己的語言。可是在家裡的時候，就完全不一樣了。有的人對父母的話不理不睬的，不耐煩的時候就粗聲大嚷。有的人早晨上學不跟父母打招呼，晚上回家也是悶不吭聲。其實，並不一定是說父母年老力衰之後我們對他們的照顧才叫孝順，更多的時候，對父母的孝順，就是表現在日常瑣事上的。比如早上對父母說聲“早上好”，晚上向父母道聲“晚安”，父母為我們做了什麼事，也要說聲“謝謝”等。

④ 與父母一起面對生活的挑戰，一家人風雨同舟

在生活之中，我們可能會遇到許多無法預料的事。當不幸發生之後，我們不能只是讓父母來面對生活的挑戰，而自己卻置身事外。一家人要一起來面對生活，風雨同舟，這才是真正的孝順：

亨利的父親去世了，他還有一個兩歲的妹妹。母親整日操勞，但是賺的錢還是不能填飽全家人的肚子。看着母親日漸憔悴的樣子，亨利決定幫她賺錢養家，因為他已經長大了，應該為這個家貢獻一份自己的力量了。

一天，他幫助一位先生找到了丟失的筆記本，那位先生為了答謝他，給了他一美元。

亨利用這1美元買了3把鞋刷和1盒鞋油，還自己動手做了個木頭箱子。帶着這些工具，他來到了街上，每當他看見路人的皮鞋上全是灰塵的時候，就對那位先生說：“先

生，我想您的鞋需要擦油了，我給您擦擦吧。"

他對所有的人都那麼有禮貌，語氣都那麼真誠，以至於每個人都願意讓這樣一個懂禮貌的孩子為自己擦鞋油。

就這樣，第一天他就帶回家50美分，他用這些錢買了一些吃的。他想，照這樣下去的話，家裡每個人都不用再捱餓了，母親也不用像以前那樣操勞了。

當母親看到他揹着擦鞋箱，帶回來這些食物的時候，她流下了高興的淚水。"你真的長大了，亨利。我能賺的錢雖然不夠多，不能讓你們過得更好，但是我相信我們將來可以過得更好。"媽媽說。

就這樣，亨利白天工作，晚上去學校上課。他賺的錢不僅為自己交了學費，還能幫助維持家裡的日常生活。

自我評估

- 不管父母多累，一定要講完故事你才肯睡覺；
- 只要父母不按你的意思來，你就會大發脾氣，直到他們妥協為止；
- 媽媽做的菜不好吃，你就不吃；
- 如果有好看的動畫片，你就要一個人看，就算爸爸只要求看看天氣預報也不行；
- 看到媽媽病了，你就讓她一個人在家休息，自己和同學在肯德基吃了晚飯；
- 你回家從來不主動和父母打招呼，認為他們看見你回來了就行了；
- 家裡的經濟出現了問題，自然有爸媽去操心，你從來不管；
- 你從來不記得父母的生日。

二、 不講文明禮貌

文明禮貌是中華民族的傳統美德，是人類社會為維繫正常生活共同遵守的最起碼的道德規範。文明禮貌既反映一個人內在的思想道德水平和文化修養，也體現着是否尊重人、關心人，是否懂得人際交往的藝術。因此，做一個講文明禮貌的人，對我們來說尤為重要。

在一個有教養的人身上，必定有良好的文明禮儀。在一個缺乏教養的人身上，勇敢就會成為粗暴，學識就會成為迂腐，機智就會成為狡猾，質樸就會成為粗魯，寬厚就會成為諂媚。我們經常可以看到或聽到，我們之中的一些同齡人家裡來了客人不知道問候，甚至不願意大人接待客人，有的還滿嘴髒話，口出狂言，甚至打架罵人。

克服要點

① 注重自己的儀表

人的容貌、姿態、服飾往往是一個人內心世界的外在表現，在日常生活中常常可以看見這樣兩種現象：凡是衣冠不整、蓬頭垢面者，如無特殊原因大多數是頹廢派；凡濃妝豔抹、一味追求時髦者，往往精神空虛不求上進。所以，我們不能輕看儀表，它對於我們內心世界的發展、變化是有很大作用的。

我們着裝可在父母的幫助下，穿得活潑大方、端正得體。如果是經濟條件不太好的家庭，我們就更要體諒父母，不要經常要求父母給我們買太貴的衣服。

② 使用禮貌的語言

語言是人們交流思想感情的工具，禮貌語言像黏合劑一樣能把人的思想感情連到一起，禮貌語言像絲絲細雨能滋潤人們肺腑。所以，我們要重視我們的語言文明，做到表裡如一，真正從內心深處尊敬他人。如說 "對不起"，就是真心表示道歉，而不是當作推卸責任的擋箭牌。使用禮貌語言還必須講究語言得體，要有針對性。如對長輩說話要尊敬而親切；對同學說話要隨和而熱情；請求別人幫助時態度要誠懇；面對長輩詢問時，要積極熱情地回答。

③ 具備基本的禮貌行為

一個人是否文明禮貌，最重要的還是體現在行為上，所以，我們要把文明禮貌的養成着重體現到行為上來。比如，去別人家時先敲門，得到允許再進門；在家裡接待客人時要學會讓座、請茶、送客等，並且不影響大人之間的交談。

到公共場合時，要愛護環境衛生，不隨地扔廢棄物，不隨地吐痰；遇到上車，購票時擁擠，應當自覺排隊，依次序進行；要做到特別尊敬老人，關心殘疾人，主動幫他們做事，給他們溫暖。

④ 及時感謝別人的幫助

這是一種對給予過我們幫助的人的真誠的情感回報。飲水思源知恩圖報。對別人表示感謝的方式有很多。有當時的語言上的，也可以是輔以其他形式的行動，比如寫封感謝信或者是回送禮物等。在公車上，有人給那些老弱者讓了座之後，對方謝都不謝一聲就坐下了，弄得那些讓座的人總會有些不舒服，如果再多遇見幾次這種情況，很難保證他以後還會主動讓座，因為人都是需要鼓勵的。對於別人的幫助，我們要說一聲"謝謝"，讓別人覺得自己的付出是被肯定的。這是每個人都應該有的習慣。

⑤ 耐心聽別人說話

我們在和別人交談時，往往太過於強調自我，把自己放在談話的中心，一旦對別人的話題不感興趣，就會有不耐煩的心態。其實，學會傾聽也是一種學問。一個善於傾聽的人，常常會是一個受大家歡迎的人，因為傾聽能有效地拉近人與人之間的距離，同時能讓人對他產生一種信賴感。而在很多時候，耐心地傾聽，也是平息別人怒氣的一種好方法，它常常能使爭端出人意料地順利解決。

⑥ 禮貌接打電話

電話是現代人最常用的通訊工具之一，由於通話的雙方不見面，全靠聲音來溝通，所以打電話時的禮貌就顯得尤為重要。打電話的禮貌包括很多方面，比如禮貌的語氣、禮貌的用語、關乎禮貌的細小環節、禮貌的稱呼等等。

在日常生活和工作中，我們常常會遇到這樣的場景：有的人打電話時，不管接電話的是誰，直截了當："喂，我找某某。"沒有問候語、沒有稱呼、沒有用"請"字、沒有對別人的幫忙表示謝意，語氣強硬，盛氣凌人。這讓接電話的人覺得對方缺乏基本的素養，連最起碼的禮貌都不懂。

另外還有一種情景，正當所有人在聚精會神聽人談話時，一串手機鈴聲響起，打亂了所有人的思緒，而這邊接電話的人也沒有一聲"對不起"，接起電話就開始說，所有人只好等他講完電話再繼續話題。

還有的人無論是接電話還是打電話，聲音總是很大，特別是在安靜的公共場合讓人不勝其煩，而他卻渾然不覺。

還有人打完電話常常習慣性地狠狠地掛上電話，讓旁邊的人覺得他總是怒氣沖沖。

禮貌地接打電話也是一個人必須要養成的好習慣之一。而對於我們中小學生來說，因為年齡的關係，平時接打電話的數量不多，如果在電話裡顯得很沒有禮貌，會讓電話那端的人對他的失禮留下更深刻的印象。

⑦ 不要隨意打斷別人的談話

沒有人喜歡自己的話被人無端地打斷。可是常常會有一些人來充當這令人討厭的角色。做一個受人歡迎的傾聽者，不隨便打斷別人說話是人與人相處的一門重要的藝術。在我們青少年中，有很多人常常用下面幾種方式打斷別人的對話。

第一種方式是插嘴。

有的孩子常常急切地插入到大人的談話之中，大人的談話也因此而被迫中斷。一個常常打斷大人之間談話的孩子，會給人一種沒有禮貌的印象。

第二種方式是不停地在大人之間來回跑動。

有的人常有一點"人來瘋"的情緒，看見家裡來了客人，會顯得異常興奮，總是想做出點什麼舉動引起大人們的注意，所以常常會在大人之間跑來跑去，將遊戲的地點選在他們的身邊。如果大人之間正在進行比較重要的談話，難免常常被打斷。

第三種方式是故意找麻煩。在大人之間進行較長時間的談話時，有的人在一旁會有被忽略的感覺。這時，內心的不滿會使他們故意發些小脾氣，或者鬧些彆扭甚至於還會哭鬧起來。大人的談話不得不中斷。

不管怎麼樣，隨意打斷大人的對話都是不好的。

⑧ 不要傳播別人的私隱

一個人無論生活在怎樣的集體中，最終都是以其特有的個性來顯示自己的存在，既然是一個獨立的個體存在，那麼每個人或多或少總有不便為人所知或不願為人所知的事情，這些事情，便是他人的隱私。

一件事情在眾人的傳播中也會變得面目全非，這對當事人來說簡直就是無妄之災。很多人都玩過傳聲筒的遊戲，一句話從第一個人到最後一個人，再說出來已完全走了樣，如果我們也去傳播別人的隱私，其實也是在充當一個傳聲筒。

所以，我們如果要做一個現代的文明人，就不要隨意去傳播別人的隱私。

⑨ 控制好自己情緒，不要隨意向別人發泄

誰都不敢保證，自己的一生不會遇到任何挫折，誰也不可能在以往的歲月中沒有遇到過任何打擊。在人生的河流裡，沒有不受傷的船。既然每個人都會在人生的旅途中受到或大或小的挫折，那麼我們就沒有理由讓自己身邊的人成為自己發泄的物件，因為大家同樣要承受生活之重。

控制好自己的情緒，一是在合適的場合有合適的情緒表達，二是不要輕易將自己消極的情緒帶給身邊的人，更不要輕易將別人變成自己的出氣筒。

對於第一種情況，一般人都能做到。比如在別人遭遇不幸的時候，如果你傳達出興高采烈的情緒，這顯然是不太合適的。

而第二種情況，就相對要難得多，特別是對於中小學生來說，更是一件不容易的事，但是我們還是要努力學會這一點。如果我們不有意識地學會控制自己的情緒，而任由各種消極的情緒向他人渲泄，常常會給他人帶來難以彌補的傷害：

有一個壞脾氣的男孩，在他15歲那天，父親給了他一袋釘子，對他說："每當你發脾氣的時候，就釘一個釘子在後院的圍欄上。"男孩雖然有些不解，但仍是接過袋子，按照父親的話去做。

第一個月，這個男孩每天都釘十幾根釘子；到了第二個月，他釘的釘子數量減少了，每天只釘下不到十根。慢慢的，男孩釘下釘子的數量越來越少，同時他發現控制自己的脾氣比釘下那些釘子更容易。終於有一天，這個男孩再也不會失去耐心而亂發脾氣了。他告訴父親這件事，父親又要求他從現在開始，每當他能控制自己脾氣的時候，就拔出一根釘子。時間一天天過去，最後，男孩告訴他的父親，他終於把所有的釘子都拔出來了。

父親很高興，牽著他的手，來到後院的圍欄旁，溫和地對他說："你做得很好，我的孩子。但是，看看圍欄上的那些洞，這些欄杆永遠不能恢復到從前的樣子了。你生氣的時候說過的那些話，就像那些釘子一樣，在對方的心裡留下了永久的傷口。話語的傷痛也像真實的傷痛一樣，令人無法接受。

在生活中，一時衝動說過的話，做過的事，往往會讓我們後悔很久。學會控制自己的情緒，為別人開一扇窗，也讓自己看到更完整的天空。

自我評估

- 每天早上時間都很緊，所以基本上是抓到哪件是哪件，經常一件衣服連穿幾天；
- 進父母房間總是直接闖入，因為是在自己家裡嘛；
- 對於別人的幫助，雖然言不由衷，但還是會說一聲謝謝；
- 對方說的話題，你要是不感興趣，就自己想自己的事；
- 在餐廳吃飯，如果不大聲說話，就會聽不見朋友在說什麼，所以，雖然知道這樣不好，但是沒有辦法，還是會這樣做；
- 很少有人會打電話來找你，所以你每次接到電話總是懶洋洋地直接問對方找誰；
- 別人的話說起來沒完沒了的時候，你就會主動去打斷，因為你不想浪費時間；
- 你很喜歡去傳播別人的隱私，你覺得那是生活的一大樂趣；
- 誰要是惹你生氣，你就會不顧一切地衝他大喊大叫。

三、任性

　　所謂任性，是指明知自己不對還要堅持。任性的孩子的表現是對家長的正確勸告故意不聽，稍不如意就發脾氣，家長怎麼說也不行。任性的孩子總愛以"不吃飯"、"大哭大鬧"、"滿地打滾"等為手段要脅家長，一旦他們以"勝利"告終，只會變得越來越任性。

　　任性有礙於我們的健康成長。如果幹什麼都由着自己的性子，沒有任何約束，性格就要向不良的方向發展，就會失去控制自己的能力。不冷靜，愛發脾氣。

　　但是，有一點是需要說明的是，很多人都以為小孩子就應該完全聽家長的話，如果老是"反抗"家長，就是一個任性的孩子。事實是不是真是這樣呢？反抗性真的就是任性嗎？

　　魯迅先生說，人要有點韌性。就是說，人要有點主見，有點堅持性。這是新型人才必備的基本素質之一。沒有韌性的人，是很難成才的。心理學家做過這樣一個試驗，從2至5歲的兒童中挑出100名"反抗"程度較強的兒童和100名幾乎看不到有"反抗"性的兒童，進行追蹤調查，一直追蹤到青年期。結果發現，在"反抗"性較強的100名兒童中，長大後有84人意志較堅強，有主見，有獨立分析、判斷、發現問題和解決問題的能力；而在"反抗"性較弱的100名兒童中，只有26名意志比較堅強，其餘的人遇事不能獨立承擔任務，不能獨立做出決定，獨立處理問題。這表明，有"反抗"性並不都是壞事，只要引導得法，反抗性就可以變成獨立性和韌性。

　　所以，我們平時口頭上所說的任性並不真的就是任性，那麼，什麼樣的反抗才不是任性呢？下列幾種情形不在任性之列：

　　正常的心理要求不是任性：

　　小珍已上小學六年級了，爸爸媽媽帶她去親戚家。到了親戚家，小珍喜歡和親戚家的小朋友一起到樓下去玩，可是爸爸媽媽認為女孩子應該表現得安靜一點，要她乖乖地和他們一起坐在沙發上聽大人聊天，哪裡也不許去。可是小珍不願意，她還是高興地和小朋友一起下樓去玩去了。於是她媽媽有點不好意思地對親戚說："不好意思，這孩子太任性，連大人的話也不聽。"

這個例子中的小珍的行為就不算是任性。隨着我們年齡的增長，獨立性也會隨之增強，不希望家長再把我們整天拴在身邊。雖然父母認為小珍是女孩子，而且是在客人家，希望能給別人留下好的印象沒有什麼錯，但是，和年齡相仿的小夥伴一起玩耍，這是每一個小孩子的天性，也是我們的正常心理要求，這肯定比坐在沙發上聽大人之間的談話要好得多，因為大人談話小孩是無法參與的。

任性與獨立性只有一步之差，有時很難分辨。我們長到一定的年齡，獨立性增強了，不可能像小時候那樣對家長百依百順了，我們總是想脫離家長，顯示一下自己的能力，有時對家長的限制表示反抗，這是正常的。

意志堅強不是任性：

小剛特別喜歡製作飛機模型，一幹起來什麼也不顧了。每當這時，父母無論讓他幹什麼他都不理不睬。所以，他媽媽常常生氣地指責他太任性。

像小剛這樣的情形，其實是很冤枉的，因為這樣並不算是任性。一個孩子傾心於自己的愛好，一心鑽在小飛機模型的製作上，這反映了一個孩子濃厚的興趣，旺盛的求知欲，一心要把自己的模型做好，這是意志堅強的表現。而這時家長這樣做其實是在破壞他的情緒，分散他的精力，使他的創造力得不到發展。

一個不任性的孩子並不就應該是一個無論在什麼情況下都要絕對服從家長的支配的人，如果真是那樣，"任性"沒有了，韌性也沒有了。在任何情況下都是孩子絕對服從家長，只會扼殺掉孩子們身上的個性，讓他們變成一個毫無主見、唯唯諾諾的庸人。

克服要點

任性是可以糾正的：

① 習慣法

培養良好的行為習慣，才能從根本上解決我們的任性。如果已經有了良好的行為習慣，例如飯前便後洗手；放學後先做作業、複習功課，然後再玩；辦事不拖拉等等，那麼幹什麼就會自然形成規矩。所以，從現在起，從養成一些良好的生活習慣開始。

② 預防法

如果我們已經意識到了自己是個任性的孩子而下決心改掉這個壞習慣，那麼我們可以尋求父母的協助，主動與父母約法三章。讓他們監督。比如去商店以前，我們可以主動與父母說，對於玩具，你只看不買。這樣的協定在先，到時候就算要反悔也來不及了。就這樣，一點點地來糾正任性的習慣。

③ 民主法

平時我們應該主動與父母多談心，讓我們與父母兩代人取得相互的信任，如果我們與父母相處親切，兩代人的感情和諧，雙方有什麼事都願意主動與對方商量，那麼，我們又怎麼會老是任性呢？

④ 交往法

我們如果缺乏與同齡人交往的機會，就容易形成孤僻、執拗的性格。形成了這種性格，在外面和小朋友相處很困難，回家就容易與父母耍脾氣。因此，我們要主動多與我們身邊的同齡人交往，學會與人平等相處。

⑤ 尋求父母協助法

任性的毛病一旦形成，光靠我們自己的力量去克服會有相當的困難，因為缺乏相對的監督和獎懲。這時我們可以和父母商量，請求得到他們的幫助。比如我們可以對父母說，讓他們在我們不任性，願意聽從勸告的時候，給我們表揚。而在太過任性的時候，給我們以相應的懲罰。因為一種習慣的形成或是改正，都需要一定的強化。表揚和鼓勵就是正強化，批評和懲罰就是負強化。

自我評估

● 父母告訴你今天天氣涼，需要多加一件外套，你認為不必要，結果那天你被凍感冒了；

● 你雖然知道一邊吃飯一邊看電視容易消化不良，可是你還是要這樣做，因為你覺得你不是天天這樣做；

● 所有的人都是先洗手，後吃飯，你卻經常是不洗手就吃飯，因為你覺得自己從來沒有因此而生過病；

● 老師經常說做試題要先易後難，可你一定要按順序做下去，就算做不完你也不管；

● 對於一些還沒學到的知識，你常常鑽牛角尖，爸爸讓你先放一放再說，你覺得爸爸沒有鑽研精神；

● 和其他小朋友在一起玩遊戲，你常常不按規則而要自己說了算，所以，有時候別人都不願意和你一起玩；

● 明明知道明天上學可能會遲到，你還是要看你想看的電視到十一點鐘；

● 昨天和媽媽一起去商場，因為媽媽沒有給你買你想要的玩具，一整天都沒有理媽媽；

● 你發現平均每兩天，你就會因為要求沒有得到滿足而向父母發脾氣，有時甚至一天會有幾次。

四、冷漠

有這樣一個故事：

越戰結束後，一個士兵回到國內，在舊金山給父母打了一個電話。

"爸爸，媽媽，我要回家了！但我想請你們幫我一個忙，我要帶我的一位朋友回來。" "當然可以。" 他父母回答道，"我們見到他會很高興的。" "有些事必須告訴你們，" 兒子繼續說，"他在戰鬥中受了重傷，他踩到一個地雷，失去一隻胳膊和一條

壞習慣

腿。他無處可去，我希望他能來我們家和我們一起生活。"　"我很遺憾地聽到這件事，孩子，也許我們可以幫他另找一個地方住下。"　"不，我希望他和我們住在一起。"兒子很堅持。"孩子，"父親說，"你不知道你在說什麼，這樣一個殘疾人將會給我們帶來沉重的負擔，我們不能讓這種事干擾我們的生活。我想你還是趕快回家來，把這個人給忘掉，他自己會找到活路的。"

　　就在這個時候，兒子掛上了電話。父母再也沒有得到他們兒子的消息。然而幾天後，舊金山警察局打來一個電話，告知他們的兒子從高樓上墜地而亡，警察局認為是自殺。悲痛欲絕的父母飛往舊金山，在陳屍間裡，他們驚愕地發現，他們的兒子只有一隻胳膊和一條腿。

　　我們每一個人都有被別人尊重和關心的需要，這是我們的最基本的心理需要之一。一個人冷漠，就看不到真正的生活和真正的人生，看不到未來的希望，看不到摯友和知音。跟隨冷漠而來的，必將是內心深處的孤寂、淒涼和空虛。無論這個人取得什麼樣的成功，或大或小，如果沒有人來與他分享，對他關心，那他所取得的成績也毫無意義可言。

克服要點

　　冷漠對一個人的毒害之深，完全出乎了人們的想像。作為人性的一大弱點，冷漠又是最容易被忽視的，因為很多人會錯誤地把它當作自己的個性來保護。之所以如此，是因為人們還沒有意識到冷漠對一個人的影響到底有多大。冷漠讓一個人孤獨地生活，讓一個人在別人眼中宛如一具僵屍。

　　那麼，如何來突破冷漠的籠罩呢？

① 把付出愛心當作一種責任

　　因為自私自利，人們才不願意付出愛心，才會變得冷漠討厭。這個社會是人與人公平生存的社會，一個人不付出愛心，也就很難收穫到別人的關愛。付出愛心讓一個人得到的是另一片重要的天空，如果只考慮自己，就不可能得到一個完整的世界。

我們可以付出愛心給朋友、同學和親人，或者參加一些公益活動。在這個過程中你會發現，他們也會同樣地付給你愛心。

　　我們必須把付出愛心當作一種責任，爭取每天都實踐它。發現身邊那些需要關愛的事物或人，便立即去行動。

② 重新找到自己的信念

　　也許我們可以回憶一下，當我們來到一個新的學校或是一個新的班級的時候，那時我們的心情是不是興奮異常，也曾對自己說要以積極的心態投入到生活和學習之中呢？可是我們沒想到的是，在接下來的日子裡，我們碰到了一些原本微不足道的問題。因為挫折感，我們把這些小問題當成了天大的事。我們感到失落和無助，然後慢慢心境冷漠。

　　現在，我們應該放下冷漠之心，重新想像一下當時的火熱之心，重新打造最初給自己的信念，找回過去的積極熱情的心態。當一個人的心態發生了變化，冷漠也就會隨之解體。

③ 從現在開始多交流

　　生活中不願意與人交流的人最終都會變成冷漠的人，也許連他們最後也會發現自己不知道什麼時候起，開始變得不會說話了。經常與人交流對克服冷漠非常重要。

　　經常與人交流，可以瞭解到不同的人各自的不同的喜怒哀樂。因為接觸到的有感情的事物很多，我們的感情也會變得豐富起來。一個情感豐富的人，總是更敏感，很多別人不能注意到的事物，也能引起他們的共鳴。這樣的人，他怎麼可能是一個冷漠的人呢？

④ 拋棄麻木讓自己擁有一顆敏感的心

　　在那座大城市街道的一個角落，一位先生看到一個小男孩正在賣鳥，他立刻皺起了眉頭。他想讓孩子把鳥都放了，但又沒有這個權利。小鳥在籠子裡拍着翅膀，嘰嘰喳喳地叫着，似乎在說：“放我出去！”

　　他站着看了一會兒，對男孩說：“我想買鳥。”

　　“50美分一隻，先生。”男孩說。

　　“我想全要，不是只要一隻！”那位先生說，“一共要多少錢？”

　　男孩數了數，然後說：“5美元，先生。你想全部買下的話，5美元。”

他從衣袋裡掏出了錢，但是只有4美元，"我只有這些錢，能把小鳥都賣給我嗎？"

男孩點頭答應了。"儘管少了一美元，但是這麼快就都賣完了，也是不錯的。"

男孩把籠子給了那位先生，可是令他吃驚的是，那位先生接到籠子就立刻放飛了所有鳥。

男孩疑惑地問："你為什麼要把鳥都放了，先生？這樣你不是什麼也沒得到呀？"

"我告訴你為什麼我要這樣做吧。"那先生說，"我曾作為戰俘在法國的監獄裡被關押了三年，所以我不忍心看到任何生命失去自由。"

男孩的臉一下子就紅了，從此他再也不抓鳥了。

⑤ 試着體諒別人的困境，學會同情

有一個故事是這樣的：

蘇珊是個可愛的小女孩，當她唸一年級的時候，醫生發現她那小小的身體裡面竟長了一個腫瘤，必須住院接受3個月的化學治療。出院後，她顯得更瘦小了，神情也不如往常那樣活潑了。更可怕的是，原先她那一頭美麗的金髮，現在差不多都掉光了。雖然她那蓬勃的生命力和渴望生活的信念足以與癌症——死神一爭高低，她的聰明和好學也足以補上被拉下的功課，然而，每天頂着一顆光禿禿的腦袋到學校去上課，對於她這樣一個六七歲的小女孩來說，無疑是非常殘酷的事情。

老師非常理解小蘇珊的痛苦。在蘇珊返校上課前，她熱情而鄭重地在班上宣佈："從下星期一開始，我們要學習認識各種各樣的帽子。所有同學都要戴着自己最喜歡的帽子到學校來，越新奇越好！"

星期一到了，離開學校3個月的蘇珊第一次回到她所熟悉的教室，但是，她卻站在教室門口遲遲沒有進去，她擔心，她猶豫，因為她戴了一頂帽子。

可是，使她感到意外的是，她的每一個同學都戴着帽子，和他們那五花八門的帽子比起來，她的帽子顯得普普通通，幾乎沒有引起任何人的注意。一下子，她覺得自己和別人沒有什麼兩樣了，沒有什麼東西可以妨礙她與夥伴們自如地見面了。她輕鬆地笑了，笑得那樣甜，笑得那樣美。

日子就這樣一天天過去了。現在，蘇珊常常忘了自己還戴着一項帽子，而同學們呢？似乎也忘了。

自我評估

● 你從來沒有給老人或者其他有需要的人讓過座位；

● 當你看到身邊有不愉快的事情發生時，比如打架、搶劫，你視而不見；

● 對新聞報道上見義勇為的人，你總是嗤之以鼻，稱其為傻瓜；

● 你告訴你的親人和朋友，不要管那些閒事，以免遇到什麼危險；

● 你從不關心任何與你無關的事情，當別人辯論時事的時候，你便離開；

● 在課外活動的時候，你可以連續沉默一節課的時間；

● 你平時沒有什麼固定的愛好，當你看到別人熱衷於各種愛好的時候，你又會嗤之以鼻；

● 上個週末，你的朋友都去積極參加演講會，可是你卻還坐在那裡無動於衷；

● 上次參加的學校組織的打掃街道的活動，你找了個藉口逃走了；

● 週末，你總是喜歡獨自在家，雖然孤獨，也免得麻煩。

五、虛榮

有一個古老的故事：

有一隻高傲的烏鴉非常瞧不起自己的同類，它竟到處尋找孔雀的羽毛，一片一片地藏起來。等搜集得差不多了，它就把這些孔雀羽毛插在自己烏黑的身上，直到將自己打扮得五彩繽紛，看起來有點像孔雀為止。然後，它離開烏鴉的隊伍，混到孔雀之中。但當孔雀們看到這位新同伴時，立即注意到這位來客穿着它們的衣服，忸忸怩怩，裝腔作勢，大夥都氣憤極了。它們扯去烏鴉所有的假羽毛，拼命地去啄它，扯它，直揍得它頭

65

破血流，痛得昏倒在地。

烏鴉甦醒後，它不知該怎麼辦才好。它再也不好意思回到烏鴉同伴中去，想當初，自己插着孔雀羽毛，神氣活現的時候，是怎麼地看不起自己的同伴啊！

最後，它終於決定還是老老實實地回到同伴們那兒去。有一隻烏鴉問它："請告訴我，你瞧不起自己的同伴，拚命想抬高自己，你可知道害羞？要是你老老實實地穿着這件天賜的黑衣服，如今也不至於受這麼大的痛苦和侮辱了。當人家扒下你那偽裝的外衣時，你不覺得難為情嗎？"說完，誰也不理睬它，大夥一起高高飛走了。

地面上，孤零零地只留下那隻夢想當孔雀的烏鴉。

沒錯，華麗的外表不會掩飾空虛的心靈。我們很難想像一個愛慕虛榮的人能有多大的成就，因為他們總是把一些浮在表面的東西作為提高自己地位的條件，而不是紮實的生活和工作。

貪慕虛榮是人性最普遍的弱點之一，我們很容易就會走進貪慕虛榮的怪圈。事實上每個人看到名車、珠寶和華貴的衣服時都會怦然心動。可是如果我們認為那些奢侈品給我們帶來的視覺享受已經遠遠不如戴上它讓別人覺得自己是個有地位的人那樣愉快時，我們的虛榮心就有些過頭了。

如果你是一個虛榮的人，請你一定要明白，一定要拋棄虛榮這個包袱，因為我們每個人都不是為別人而生存的，事實上，除了我們自己，沒有人對我們的人生感興趣，所以，不必要在別人的目光裡虛偽地生活。

克服要點
① 分清自尊和虛榮

虛榮的人在面對他人的質疑時，常常把自尊掛在嘴邊，似乎已經忘記了自己是個很有"骨氣"的人。其實自尊與虛榮是兩回事。所有的虛榮心都是以不適當的虛假方式來保護自尊心的一種心理狀態。虛榮心是自尊心的過分表現，是為了爭取榮譽和引起普遍注意而表現出來的一種不正常的社會情感。

所以，從現在開始，不要再表現那些我們嘴上所說的，但事實上卻子虛烏有的所謂的才能，在朋友和同學面前保持自尊而不是炫耀。也許一開始會不太習慣，但是，如果在覺得困難的時候，能沉默一定的時間，那麼，不用多久，我們的內心就會回到正確的軌道上來。

② 不要為別人而活

一個虛榮的人是在為別的眼光而活卻喪失了自我。一旦他人對自己給予肯定，積極的評價，便精神百倍，一旦他人給予的是否定的、消極的評價，便垂頭喪氣，覺得自己一無是處，沒臉見人。

所以，從現在起，不要太理會別人對自己的看法，而要多多關注自己的內心。

③ 保持平常心

要克服虛榮心還應該學會用平常心來調節自己。必須學會以平常心對待生活、學習和自我，這樣才能消除不必要的壓力。在生活中遇到某些不如人意的地方，要迅速調整自己的心態，保持平常心，才不會被虛榮所戰勝。

當然，我們說保持平常心並不是說要一個人不思進取，而是說應該追求那些對一個人來說真正重要的東西。當我們經過了努力仍然不能達到目的的時候，就要用平常心來防止虛榮作怪。

④ 真誠地面對生活和自己

為了滿足虛榮心，有些人會不顧一切製造一些看起來的繁華。比如為了一件漂亮的衣服，不惜辛苦賺錢；明明知道自己的工作能力並不能勝任班長這個職務，可還是向老師要求當班長；為了生日的排場，把一個月的午餐都免了……

何必要這樣讓自己為難呢？難道面子比生活的真實更重要嗎？為什麼不用真誠來善待自己，用自己的真才實學來充實自己，向世人展示一個真實的自己？

⑤ 讓成績成為過去

有一個事例：

1903年，為了表彰居里夫婦在提煉化學元素的過程中獲得的卓越成就，英國皇家學會把該會的最高榮譽——戴維獎章，頒發給他們。授獎儀式結束後，居里夫婦帶回來一個分量很重的金質獎章。

在遺失過一次之後，他們把獎章作為特殊禮物贈給了女兒伊倫。

一天，她的一個女朋友來作客，看到他們的女兒正在玩弄戴維金質獎章，不由大吃一驚："哎呀，居里夫人，這獎章代表着極高的榮譽，您怎麼能讓孩子隨便玩呢？"居里夫人卻笑了笑說："我是想讓孩子們從小就知道，榮譽就像玩具，只能玩玩而已，絕不能永遠守着它，否則將一事無成。"

⑥ 不要把自己看得太"高"，誠懇地面對生活和別人

自我評估
- 你喜歡談論有名氣的親戚朋友或以與某個有名的人或重要的人交往為榮；
- 對於各種名牌津津樂道；
- 喜歡和別人談論名著、藝術和電影，但其實你知道的根本不多，不過是為了得到別人的讚許；
- 你喜歡表現自己，尤其是在人多的時候，因為這會引起大家對你的重視；
- 父母每個月只給你100塊錢的零用錢，不過你常常用它來買同學們還都沒有的高級文具；
- 你常常花很多時間站在鏡子前欣賞自己；
- 在與同學的談論中，常常強詞奪理，文過飾非；
- 你經常頭腦一熱就請同學到麥當勞大吃一頓，可是事後你又覺得後悔；
- 這兩天因為朋友揹了一個昂貴的書包，讓你覺得很沒面子，所以不願與這個朋友一起回家了。

第二部分

做事的習慣

VS

培養
好習慣

纠正
壞習慣

做事有條理	不按規則做事
講究效率	害怕失敗
善於合作	抱怨
積極選擇	拖延
要事第一	苛求完美

培養 好習慣

一、做事有條理

　　做事有條理的習慣，從長遠來看，是要對人生有規劃；從細節方面來說，則是要日常生活有規律、時間安排有計劃；而在自我意識層面上，則是要自我管理有條理。

1. 對人生有規劃

　　生涯設計、人生規劃，現在已經受到越來越多的人的重視。每個人一生中關鍵的路並不多，走好了幾個關鍵步驟，獲得成功的可能性就更大。

學會認真規劃自己的人生，是每個人都應當養成的習慣。

學會規劃人生，主要有六個步驟。

步驟一：發現或確定人生主要目標。人生主要目標，是一個人終生所追求的比較固定的目標，生活中其他的一切事情都圍繞着它而存在。

步驟二：着手準備實現目標。在這方面，職業的選擇就是你所要着重考慮的問題。職業是一個幫助實現終極目標的工具。例如，一個事業有成但又並不滿足物質富有的律師，可能會利用他的部分精力從事公益活動並從中得到精神滿足。

步驟三：制訂個人職業發展短期目標。它需要規劃個人發展的一些細節。

步驟四：策劃如何實現短期目標。確定自己離目標還有多遠，應該怎樣彌補自己的缺陷，提升自己，使自己在規定的時間達到要求。

步驟五：行動。這是所有步驟中最艱難的。良好的動機只是目標得以確立和開始實現的一個條件，但不是全部。如果動機轉換不成行動，動機終歸是動機，目標也只能停留在夢想階段。

步驟六：適時修改和更新職業發展目標。職業目標的確定往往基於特定的社會環境和條件。隨着環境和條件的變化，目標也應做出相應的修改和更新。人是目標的創造者，可以在任何必要的時候更改它。

自我評估
- 你的人生目標是什麼？
- 你想在一生中成就何種事業？
- 你覺得一生應當滿足於什麼樣的過程？
- 哪種形式的成功最使你產生成就感？
- 你現在打算選擇的職業有助於實現人生的最終目標嗎？
- 有沒有辦法使現在的職業設想與自己的人生基本目標一致起來？

好習慣

- 你要在未來5年、10年或20年內實現什麼樣的一些職業或個人的具體目標？
- 你要在未來5年、10年或20年內賺到多少錢或達到何種程度的賺錢的能力？
- 你要在未來5年、10年或20年內有一種什麼樣的生活方式？
- 你的現狀與目標所需要的能力還有多少差距？這種差距可以通過努力有條不紊地消除嗎？
- 你為實現自己的目標做了哪些努力？
- 你是否會因為一時疲倦，或者微不足道的理由讓自己輕易放過一天？
- 在行動中，遇到了困難你覺得是好事還是壞事？
- 你的發展目標作過幾次修改？每次修改的理由是什麼？你現在還覺得那些理由依然那麼有說服力嗎？是否打算再回到原來的某個目標上去？為什麼？

2. 日常生活有規律

日常生活規律，主要包括飲食起居的規律、工作學習時間的規律、運動鍛煉規律、遊戲娛樂規律等，做到各種日常事務進行得適當有度。具體地說，每天起床和入睡的時間應有規律，應保證每天七至八小時的睡眠；工作、學習、勞動的時限應有規律；一日三餐應定時定量，不偏食、不多食、講究飲食衛生，每天飲水一千五百至二千毫升左右，每頓飯的飯量應掌握在臨近下頓飯時腹中略有飢餓感為宜；不強求午睡，但應平臥休息一會，長期堅持有利於減輕心臟負擔；每天應盡量定時排便，老年人可隔日一次，以減輕殘渣和毒性物質對腸道的不良刺激，保持腹中舒適；早晨或晚間應適度參加健身運動；每天有放鬆和娛樂的時間，消除疲勞，增進文化情趣；保持情緒相對穩定，少波動，不暴躁，不抑鬱，樂觀向上；安排好雙休日的休閒時間，從事社交和健身活動。

工作、學習、勞動的時間也要有規律。著名的兒童早期教育者老卡爾·威特在教育兒子的時候，要求兒子一次的學習時間不能超過2個小時。他的兒子後來說：

很多人在學習中覺得壓力很大，其實是他們在很小時，就形成這樣一種錯誤觀念："學習是認真和嚴肅的事情，與快樂、輕鬆是不沾邊的。"

小時候，當別的孩子都在房間裡拼命用功時，我卻從玩樂中得到了大量的知識，我稱得上是一個最有時間玩也最會玩的孩子。有些人問我父親："你不擔心你的兒子嗎？他似乎很少花時間在學習上，整天都在玩。"父親總是這樣回答："學習和玩對孩子來說是同一件事呀！有什麼好擔心的呢？"我在童年時的學習情況就是這樣，並沒有半點誇張。當然，另一方面，我有時還是被父親關在書房中學習，就像許多其他的孩子一樣，但是對我來說，書房卻是一個令我輕鬆愉快的地方，我願意待在書房裡。

對我學習的安排，父親有很獨特的方法。他總是想辦法讓我產生興趣，自動自覺地去努力學習。他從不像其他人的父親那樣硬性規定我必須讀完一本書，或者學完某一本教材。

有一次，我興趣盎然地在做一道很難的數學題，可能是在解答那道題中我得到了樂趣，從而忘記了父親給我安排的時間。"卡爾，你該出去玩一下，時間到了。"父親見規定的時間已過了好久，但我還沒有出來，便催我道。"爸爸，我還沒做出來呢。"我說道。"休息一會兒再做更容易做得好，先放一邊吧。"父親說。"我想先做完再休息，這題比較難。"我說。"我相信你能做出來，但是等到你做出來後，可能已經很累了，這樣你接下來的學習效果受到影響的，還是休息一會兒吧。""我正在興頭上，我一點也不累。"父親說："我看得出來，但是如果現在你不休息一會兒，不到外面去走一走，你的興致很快就會消失的。"

聽了父親的話，我便停下來，跟父親一起去外面散步。父親一邊走，一邊對我說："卡爾，這個道理你一定要明白，再大的興趣，如果得不到適當的培養，早晚都會消失；同樣的，再大的熱情，如果不進行適當的控制，很快就會失去興致。所以說，任何興趣都要培養，任何熱情都要控制。"

要養成按計劃作息的習慣，保證自己的飲食衛生、生理活動衛生，保證自己每天的學習、工作、休息時間。

還要養成良好的鍛煉習慣。大腦是學習的機器，機器好，學習效率才會高。要想保持清醒的頭腦，每天進行適當的體育鍛煉是必不可少的。有人可能會說，我們每天的學

好習慣

習那麼緊張，根本沒有時間鍛煉身體。其實，學習和鍛煉並不矛盾。運動時腦細胞的活動有所轉換，管體育活動的腦細胞興奮，管思考的腦細胞得到休息，有助於消除大腦的疲勞。文武之道，一張一弛，體育活動實際上是一種積極的休息。

娛樂習慣也很有必要。通過娛樂活動，可以緩解緊張的神經，有利於放鬆自己，使自己的學習、工作、勞動張弛有度，達到調節的作用。但是不良的娛樂習慣也會有損健康，甚至產生嚴重的影響。例如，有的青少年沉溺於電子遊戲、網路聊天等，就很容易引起健康問題，甚至導致很嚴重的心理問題等。

自我評估

- 你每天都會按時起床嗎？包括休息日、假期和其他可以自由支配的時間。
- 你每天的工作、學習和活動都能保證一定的時間嗎？而且不會過多地超過自己的限定嗎？
- 你經常鍛煉身體嗎？是否只堅持一種鍛煉身體的方法？
- 你有什麼娛樂活動？這些娛樂活動有目的嗎？對自己的身心健康有沒有不良影響？
- 你吃飯的時間正常嗎？會飢一餐、飽一餐嗎？早餐經常不吃嗎？
- 你經常兩三個小時不喝水嗎？
- 你經常連續兩三天不大便嗎？
- 你經常做些益智遊戲、閱讀有價值的圖書嗎？
- 你能否經常保持自己的情緒穩定？還是經常情緒壓抑或者容易發怒、暴躁等？
- 你每天的睡眠時間都能保證7～8個小時嗎？為什麼？

3. 時間安排有計劃的習慣

學會有計劃地安排時間，是一個人開始自主生活的標誌之一。很多父母一不小心就成了子女時間的"代管者"，而使青少年遠離了時間計劃。青少年抱怨父母管自己太嚴，卻沒有意識到是否應該有計劃地安排自己的時間。如果自己有了合理的時間安排計劃，並與父母進行良好的溝通的話，相信父母們就會慢慢放棄做"代管者"了。

有效的時間利用者，往往不是一開始就着手做事情，而是先從時間安排上入手。人往往最不善於管理自己的時間。時間安排的要點在於時間的銜接、張弛和效率。

時間安排的銜接，有利於在最好的時間做最適合的事情。有的人做事情喜歡拖拉，往往使很容易做到的事情延誤了時機，大費周折。在汽車、摩托車和賽車界裡享譽世界的日本摩托車大王本田宗一郎是從打鐵中學會了時間銜接的意義的：

宗一郎從小心靈手巧，3歲時就常趁父親休息時，到作坊裡撿些鐵片，拿把鐵錘敲敲打打，做成自己的玩具。長大後他常要揹着小妹妹上學，放學回來，就幫父親拉風箱打農具。

一次，宗一郎替父親拉風箱，拉得"巴達巴達"響，熊熊的火苗直往上竄。半天，爐膛裡的菜刀坯子終於燒得火紅。只見父親用長鉗子熟練地將它取出，放在鐵砧上，右手緊握一柄鐵錘，叮叮噹當地敲打起來，動作毫不遲緩。宗一郎見父親滿頭冒汗，心裡有幾分不忍，便問道：

"爸，您不能一下一下地打嗎？打得快，看您累………"

父親瞅了他一眼，答道："哪能呢？要是動作慢，菜刀就冷了，冷下來還能打麼？所以嘛，辦什麼事，都要快，不能慢吞吞。"

"要快，不能慢吞吞。"父親這話，深深地印在他的腦海裡。

又有一次，宗一郎見父親一連把三塊鐵坯放在鐵砧上，迅速輪換着鍛打，父親像個老練的鼓手，敲打起來又快又準，而且富有節奏感。宗一郎覺得有些奇怪，忍不住問道：

"爸，您幹嗎要三塊一起打？打完一塊又一塊，從從容容不好嗎？"

父親微笑道："這幾塊形狀小，可以一起打。能夠一起打的鐵，就不要分開打，這樣可以加快速度，節省時間。你要記住：幹活要講速度，一天能幹完的活不要拖到第二天，因為每天都有新的工作等着你去做。"

好習慣

童年，父親打鐵對宗一郎的啓迪，他始終牢記在心，直到當上修理店老闆，以至後來創辦本田技研工業總公司。

時間的張弛，是指做事情要懂得有鬆有緊。有的人安排時間沒有科學性，高興了，連軸轉不休息，不高興了，就什麼都不幹，還自我安慰說：「累了就得休息。」這樣三天打魚兩天曬網，只會一事無成。只有充分利用自己的時間，學會張弛有度地交替着做事情的人才能真正發揮自己每一刻時間的價值。

要想安排好自己的時間，首先要知道自己的時間都在幹什麼，也就是學會記錄時間。只有記下來，你才知道自己確切地幹過什麼，效率高不高，有沒有需要改善的地方。也只有把自己的時間記下來，你才知道自己怎樣浪費一些時間，才知道怎樣做是必須的。

其次，學會診斷自己的時間。包括找出哪些事情根本不必做、哪些活動即使不參加也不會產生太大的影響、有沒有浪費別人的時間。

在生活中，我們經常認為有些事情應該是必須做的，但是其實根本不必要。比如有的人喜歡打電子遊戲機，認為有利於開發智力，就每天拿出一些時間來打電子遊戲機。其實電子遊戲機是否真正能開發智力，是否真的非做不可，他們往往沒想。

還要學會統一管理時間。

青少年自由支配的時間似乎不多。例如每天白天雷打不動的上課，好像已經不能做安排了。做作業的時間似乎也不能再安排了。週末或許又有家教、作業之類的，大概也不能安排了。其實這種想法本身是犯了一種看待時間不細緻的常見病。時間以什麼單位來算？對於百米短跑運動員來說，一秒鐘足夠決定冠軍誰屬，花環誰戴。對於日常學習來說，我們認為時間還是以分鐘來算比較合適。在課堂上，也許你只花了二十分鐘就已經完全掌握了當天的新內容，那麼剩下的時間幹什麼呢？等下課，還是跟着做練習等？做作業需要花多少時間？如果餘下一刻鐘你會幹什麼？這些問題其實都應當認真考慮。

自我評估

● 你覺得自己的時間夠用嗎？知道自己的時間都是怎樣度過的嗎？

● 你曾經試着記錄自己的時間，來發現自己的時間還有什麼挖掘潛力嗎？

● 你和父母在時間安排上有過衝突嗎？一般是因為什麼？怎樣解決？你覺得這個問題是否能夠徹底解決？

● 你做的事情裡有可做可不做的嗎？你一般最後做的居多，還是為了省時間而不做的居多？

● 你有浪費別人時間的活動嗎？把它們列舉出來。

● 對於雙休日、節假日，你一般都事先做些計劃嗎？如果有計劃的話，一般能實施嗎？為什麼？

● 如果有十五分鐘的閒暇，你一般會做什麼？比如等公交車的十五分鐘。

● 課堂上，所有的內容都掌握了後，你會幹什麼？

● 每天做作業的時間還能再壓縮嗎？

4. 自我管理有條理

自我管理有條理，就是要把自己的事情管理得井井有條，對事情的輕重緩急有分別，能根據需要及時調整自己的時間表，還要學會統籌安排。

統籌安排，就是指在做很多事情的時候，有些事情是可以並在一起做的。譬如，你可以在爐火上燒菜的時候，趁着不需要翻的時間來擺放桌椅。而不必等菜全部燒好了，再去擺放桌椅。

制訂各種事情和活動的檢查表。

要做到做事有條理，就需要知道哪些活動由哪些事情和步驟組成，再把它們組合成一張便於核對的檢查表，那麼每當要做這些事情的時候，就可以對照着檢查表逐項進行，這樣就不會有所遺漏，也能夠在不斷地實施過程中更好地把握做這些事情的過程，做到嚴格控制時間。

好習慣

學會分辨事情的輕重緩急。

事情的輕重，有些是一眼就能看出來的。比如孩子突然間得了比較重的病，父母往往會盡可能放下手頭的任何事情，先去照顧孩子的病情。當孩子的病情穩定了之後，父母就可以考慮恢復一部分工作，把耽誤的事情進行一些彌補。

但有的時候，對於日常的活動，有時候事情的輕重就不太容易確定。一方面，有時候有些事情你特別想做，就會覺得特別重要，而容易把它排在首位。譬如你特別喜歡看動畫片，而動畫片又往往在你作業還沒做完的時候播放，很多人就禁不住動畫片的誘惑，先去看動畫片了。這其實就是一種輕重倒置的做法。另一方面，有些事情的輕重則是因為你完全沒有經歷過，也沒有思考過，而不知道它們的輕重。

根據需要調整時間表。

時間表一旦確定下來就不能輕易修改，只有經過衡量之後才能進行修改，尤其是對於有約定的事情，還要徵得別人的同意才能修改。

統籌安排。

統籌安排需要比較清楚自己要做的幾件事情，知道它們耗時的情況，這樣才能進行統籌。否則幾件事情由於時間交叉在一起反而容易帶來更嚴重的混亂，還容易出危險。譬如，你正在煤氣爐子上燒着水，然後跑出去玩了。很可能因為玩過了頭，結果水壺被燒乾了，甚至發生意外的火災危險等。

自我評估

● 對於不是很熟悉的事情，你有自己的檢查表嗎？

● 出去買東西的時候，如果需要買的東西比較多，你是否會列一張購買物品的清單，以免遺忘？

● 對於每天的作業題目，你是用專門的記錄作業的本子記下來，還是在書上或者練習冊上作個標記了事？有過遺忘作業的事情發生嗎？

● 出遊的時候曾經發生過因為少帶某些東西而導致不便嗎？

- 你會用統籌的方法煮方便麵嗎？說說你的煮法。
- 你曾經在無意中毀約嗎？
- 你能否列舉一下自己某一天中的時間都在幹什麼嗎？你覺得自己的時間安排是否很合理？如果有不合理的地方，是因為什麼呢？
- 舉一個例子說明，你覺得自己在照顧重要的事情的時候，能夠同時妥善地處理好不太重要的事情。

二、講究效率

講究效率，就是要最大限度地發揮時間的作用。具體來説，要做到講究效率，必須學會按規律做事、追求效益、毅力堅強。

① 按規律做事

所謂按規律做事，就是指做事不違逆事物本來的內在的規律，而是順應規律，循着最節省時間、最可能有效的方法做事：

堯在位的時候，黃河流域發生了很大的水災，莊稼被淹了，房子被毀了，老百姓只好往高處搬。不少地方還有毒蛇猛獸，傷害人和牲口，人們無法正常生活。

堯召開部落聯盟會議，商量治水的問題。他徵求四方部落首領的意見：派誰去治理洪水呢？首領們都推薦鯀。

堯對鯀不大信任。首領們說："現在沒有比鯀更強的人才啦，你試一下吧！"堯才勉強同意。

鯀花了九年時間治水，沒有把洪水制服。因為他只懂得水來土掩，造堤築壩，結果洪水沖塌了堤壩，水災反而鬧得更兇了。

舜接替堯當部落聯盟首領以後，親自到治水的地方去考察。他發現鯀辦事不力，就把鯀殺了，又讓鯀的兒子禹去治水。

好習慣

禹改變了他父親的做法，用開渠排水、疏通河道的辦法，把洪水引到大海中去。他和老百姓一起勞動，戴着箬帽，拿着鍬子，帶頭挖土、挑土，累得掉光了小腿上的毛。

經過十三年的努力，終於把洪水引到大海裡去，地面上又可以供人種莊稼了。

禹新婚不久，為了治水，到處奔波，多次經過自己的家門，都沒有進去。有一次，他妻子塗山氏生下了兒子啟，嬰兒正在哇哇地哭，禹在門外經過，聽見哭聲，也狠下心沒進去探望。

當時黃河中游有一座大山，叫龍門山。它堵塞了河水的去路，把河道堵得十分狹窄。奔騰東下的河水受到龍門山的阻擋，常常溢出河道，鬧起水災來。禹到了那裡，觀察好地形，帶領人們開鑿龍門，把這座大山鑿開了一個大口子。這樣，河水就暢通無阻了。

後代的人都稱頌禹治水的功績，尊稱他是大禹。

舜年老以後，也像堯一樣，物色繼承人。因為禹治水有功，大家都推選禹。到舜一死，禹就繼任了部落聯盟首領。

鯀治水之所以失敗，是因為他用堵的辦法，越堵，水的勢能越大，結果決堤之後為患更深。而禹治水之所以成功，是因為他用疏的方法，越是理順了水的去路，就能使水的勢能得以宣泄，水患也就解除了。

做事情就是要全面考慮事物的內在規律，循着規律，才不至於走彎路，甚至犯南轅北轍的錯誤。

② 追求效益

做事情還要追求效益。做沒有效益的事情，簡直就是白白損耗時間。

《莊子‧列御寇》裡記載了一個故事：

朱漫是個很愛好學習的人，為了學會一項特殊的本領，他變賣了家產，帶了錢糧到遠方去拜支離益做老師，跟他學殺龍技術。

轉瞬三年，他學成回來。人家問他究竟學了什麼，他一面興奮地回答，一面就把殺龍的技術：怎樣按住龍的頭，踩龍的尾巴，怎樣從龍脊上開刀……指手劃腳地表演給大家看。大家都笑了，就問："什麼地方有龍可殺呢？" 朱漫這才恍然大悟，原來世間上根本沒有龍這樣東西，他的本領是白學了。

龍是人們想像中的東西，實際並不存在，因此，雖有高超的殺龍的本領，也只能落得一個"英雄無用武之地"。

③ 毅力頑強

毅力，就是堅持，無論面對平凡的小事，還是面對困難，人們都要面臨毅力的考驗：

古希臘哲學家蘇格拉底，思想深邃，思維敏捷，關愛眾生又為人謙和。許多青年慕名前來向他學習，聽從他的教導，都期望成為像老師那樣有智慧的人。他們當中的許多人天賦極高，天資聰穎者濟濟一堂。大家都希望自己能夠脫穎而出，成為蘇格拉底的繼承者。一次蘇格拉底對學生們說："我們做一件最簡單也是最容易做的事兒：每個人把胳膊盡量都往前甩，然後再盡量往後甩。每天三百下。"說着，蘇格拉底示範了一遍，當天學生們紛紛開始依照老師的說法去做。

第二天蘇格拉底問學生："誰昨天甩胳膊三百下？做到的人請舉手！"幾十名學生的手都嘩嘩地舉了起來，一個不落。蘇格拉底點頭！一週後，蘇格拉底如前所問，有一大半的學生舉手。一個月後，蘇格拉底再次提起此事，有大約不到一半的學生舉起手來。

一年後，蘇格拉底再問，只有一名學生舉手。這個學生就是柏拉圖，他後來成為繼蘇格拉底之後的又一位古希臘偉大的智者。他繼承了蘇格拉底的哲學並創建了自己的哲學體系，培養出了堪稱西方孔夫子的大哲學家亞里士多德。同時他又撰寫了許多記錄蘇格拉底言行的書籍，我們今天之所以還能領略到蘇格拉底的睿智，這大都得益於他的著述中的詳盡記載。

柏拉圖或許不是幾十名同學中最聰明的，但為什麼只有他才能成為與蘇格拉底比肩的智者呢？那是因為他有非同一般的品質——始終如一的堅持精神。

"每天甩胳膊三百下！"這件事情很簡單，正常人都具備做的能力，但是堅持去做的卻只有一個。這樣的情況在今天仍然比比皆是。

培養要點

① 做事有規律、按規律辦事

做事講究規律，要主動思考事物的規律。既然做事要講究規律，就不能任性胡來。規律包括生活規律、做事的規律等。

主動思考事物的規律，用事物規律來把握自己看到的現象，用現象來完善自己對規律的認識，才是科學的按規律做事。

諾貝爾生理與醫學獎獲得者、前蘇聯生理學家巴甫洛夫有一次給學生上課。他一邊講課，一邊在黑板上寫。課上到一半的時候，黑板已經寫滿了，學生們都在神情專注地聽課。忽然，巴甫洛夫停了下來，向課堂的後排走去。走到最後一排課桌前看着一位正在埋頭仔細做筆記的同學，說：“能不能把你做的筆記給我看看？”那個同學雙手把自己的筆記奉上。巴甫洛夫翻閱一下，隨後對他說：“你的筆記記得很好，我在黑板寫的內容幾乎一字不漏。條理清楚，字體漂亮。”這位學生聽到老師表揚自己，心裡不禁有些得意。但巴甫洛夫隨即話鋒一轉，說：“可是，我在講課的時候，你似乎一直在埋頭做筆記，不知我講的內容你是否都理解了。”接着向他提問了一些問題，這位學生果然回答不上來。見此情景，巴甫洛夫說：“聽老師上課，關鍵是聽，其次才是記筆記。因為筆記上的東西不一定說明你已經理解了，只有理解了的內容才能更好地記住。所以你可不能總在做筆記啊。”

② 做事有效率，講求效益

有的人做事情慢吞吞的，一副漫不經心的樣子，結果原本能用十分鐘做完的事情，往往一個小時過去還停留在起點，沒有動靜：

除了效率，還要講求效益。勿以善小而不為，勿以惡小而為之：

從前在美國標準石油公司裡，有一位小職員叫阿基勃特。他在遠行住旅館時，總是在自己簽名的下方，寫上“每桶四美元的標準石油”字樣，在書信及收據上也不例外，簽了名，就一定寫上那幾個字。他因此被同事叫做"每桶四美元"，而他的真名倒沒有人叫了。

公司董事長洛克菲勒知道這件事後說："竟有職員如此努力宣揚公司的聲譽，我要見見他。"於是邀請阿基勃特共進晚餐。

後來洛克菲勒卸任，阿基勃特成了第二任董事長。

這是一件誰都可以做到的事，可是只有阿基勃特一人去做了，而且堅定不移，樂此不疲。嘲笑他的人中，肯定有不少人才華、能力在他之上，可是最後，只有他成了董事長。

③ 堅持到底

做事情的效率有時候來源於堅持。堅持每天做一點，常常要比拖到最後效率要高，對於打基礎的事情尤其如此。

自我評估

● 你願意每天給自己家裡的花澆水嗎？保證一天也不會忘記。

● 你做事情磨蹭嗎？

● 你在無意義的事情上經常花很多時間嗎？比如玩電子遊戲。

● 遇到困難的時候，你的毅力足夠頑強嗎？

● 你覺得自己做的事情，都很清楚為什麼要做，並且知道怎樣做可以提高效率嗎？

● 你喜歡對遇到的疑問，堅持自己找出答案嗎？

● 如果有件事情，大家都覺得沒什麼意義，但你深信這樣做是有用的，你會堅持嗎？

三、善於合作

善於合作，是指在需要相互配合的事情上能夠與別人協調一致，做好自己的那個部分。在合作中，要學會樂於助人、虛心請教別人、團結友善、平等待人。

① 樂於助人

樂於助人，使你能夠在幫助別人克服和度過困難的過程中獲得朋友：

弗萊明是一個窮苦的蘇格蘭農夫，有一天當他在田裡工作時，聽到附近泥沼裡有人發出求救聲。於是，他放下農具，跑到泥沼邊，發現一個小孩掉到了裡面，弗萊明忙把這個孩子從死亡的邊緣救了出來。

隔天，有一輛嶄新的馬車停在農夫家，走出來一位優雅的紳士，他自我介紹是那被救小孩的父親。紳士說："我要報答你，你救了我兒子的生命。" 農夫說："我不能因救了你的小孩而接受報答。"

就在這時，農夫的兒子從屋外走進來，紳士問："這是你的兒子嗎？" 農夫很驕傲地回答："是。" 紳士說："我們來個協定，讓我帶走他，並讓他接受良好的教育。假如這個小孩像他父親一樣，他將來一定會成為一位令你驕傲的人。"

農夫答應了。後來農夫的兒子從聖瑪利亞醫學院畢業，成為舉世聞名的弗萊明·亞歷山大爵士，也就是盤尼西林（青黴素）的發明者。他在1944年受封騎士爵位，且得到諾貝爾獎。

數年後，紳士的兒子染上肺炎，是盤尼西林救活了他的命。那紳士是誰？上議院議員邱吉爾。他的兒子是誰？英國政治家邱吉爾爵士。

② 虛心請教別人

有的人自以為是，總覺得別人都不如他，對別人的意見總是不理不睬，因此每當獲得了成功總會歸於自己的聰明，而遇到了問題就抱怨別人太笨。這樣的人往往沒有朋友，也很難取得真正的成功。其實，在生活中即使你是 "最" 聰明的人，也不能一個人做好所有的事情，每個人都有自己能夠做到的事情，虛心請教別人，就可以把自己的精力放在自己最擅長、最能有效地發揮自己能力的方面，而擺脫煩瑣事務的糾纏，各得其所。

③ 團結友善

團結友善，要求對待別人的時候，要和善，充滿友誼和溫情。人間充滿真情才溫暖：

在一個又冷又黑的夜晚，一位老婦人的汽車在郊區的道路上拋錨了。她等了很久，好不容易有一輛車經過，開車的男子見此情況二話沒說便下車幫忙。

幾分鐘後，車修好了，老人問他要多少錢，那位男子回答說："我這麼做只是為了助人為樂。"但老婦人堅持要付些錢作為報酬。他謝絕了她的好意，並說："我感謝您的深情厚意，但我想還有更多的人比我更需要錢，您不妨把錢給那些比我更需要的人。"

他們各自上路了。老婦人來到一家咖啡館，一位身懷六甲的女招待即刻為她送上一杯熱咖啡，問："夫人，歡迎光臨本店，您為什麼這麼晚還在趕路呢？"於是老婦人就講了剛才遇到的事，女招待聽後感慨道："這樣的好人現在真難得，你真幸運碰到這樣的好人。"老婦人問她怎麼工作到這麼晚，女招待說為了迎接孩子的出世而需要第二份工作的薪水。老夫人聽後執意要女招待收下200美元小費。女招待驚呼不能收下這麼一大筆小費。老人回答說："你比我更需要它。"

女招待回到家，把這件事告訴了她的丈夫，她丈夫大感詫異，世界上竟有這麼巧的事情。原來她丈夫就是那個好心的修車人。

想得到愛，先付出愛，要得到快樂，先獻出快樂，你播種終會收穫。

④ 平等待人

永遠堅持別人和自己在人格上的平等這一基本原則，是合作的基礎。否則，我們將在不意間失去朋友的友誼、親人的親近。

平等對待你生活中的每個朋友、親人、一面之緣的人，他們也會一樣平等地對待你。

好習慣

培養要點

① 樂於助人

把助人看成是平常的事情、是自己必須做的事、是自然的事情。

② 虛心請教別人

虛心請教別人，就是要在請教別人的時候要誠心誠意，知之為知之，不知為不知，不要不懂裝懂。而不是因為自己遇到了不會做的題目，就請別人代做，遇到了解決不了的問題，就請人代為解決。請教，並不是把自己的事情轉到別人頭上，而是為了更好地學習和完善自己。

虛心請教還要學會尊重別人的知識和能力。當別人談論自己的見解時，不是帶着一種要和對方一比高下的想法，總想插兩句話，而是帶着一種學習的想法，耐心地傾聽。

③ 團結友善

林肯做美國總統時，他對待政敵的做法引起了一位官員的不滿。官員認為林肯不應該試圖接近那些政敵，而應當消滅他們。林肯說："當他們成為我的朋友時，難道不是消滅了敵人嗎？"

團結友善，需要用把那些假想的敵人當成朋友的態度，化解並非根本性的恩怨，更好地相處相容。

④ 平等待人

做到對人不問出身，一律平等。一個人即使身居高位，他也沒有權利隨便批評別人，即使他的能力比別人強很多倍，也沒有權利嘲笑別人。在人格上，任何人之間都是平等的，這與一個人身外的榮譽、頭銜、財富都沒有關係：

一個剛留學歸國的博士去郵局辦事，結果承辦員的態度非常不好，他氣得半死，回去告訴他一個也在郵政單位做事的主管老友："替我去告訴他我的身份！並告誡他態度給我好一些。"朋友苦笑着點點頭。

幾天後，那位年輕博士又到了郵局辦事，且又遇上了那位承辦員，豈料態度不但沒變好，反而更加地百般刁難，這回他更氣了！又去把他那個郵政單位的主管朋友給叫來抱怨了一頓：「去告訴那個故意吹毛求疵的員工，再給我提醒他一次我的身份，叫他給我客氣一點。」

　　兩天之後，他又在郵局碰到了那個員工，果然，這次那個員工不但不再刁難，反而還堆滿了一臉笑容，態度親切，那個年輕的博士好不得意，回去打電話給他的那個郵政單位主管朋友，問：「這次你終於替我好好訓他一頓了？」朋友回答：「不，我沒有替你訓他，不但如此，我還告訴他，你不斷稱讚他做事謹慎、態度良好。」那位年輕的博士驚訝得說不出話來，朋友接着笑笑地說：「很多時候，低姿態比高姿態更有用。」

自我評估

● 如果有的同學或者朋友遇到了困難，你願意盡自己所能去幫助他嗎？

● 你在路上碰到別人需要幫忙，會怎麼辦？

● 在小組活動中，有的同學沒有完成分配給他的任務，結果使小組的成績受到了影響，你會怎麼樣？

● 同學在轉身的時候，不小心用胳膊肘撞到了你的鼻子，弄得你很疼，你會怎樣反應？

● 朋友在向你講述他的趣事，但你一點都不感興趣，你會怎麼辦？

● 你願意向困難的同學捐出自己的一部分零用錢嗎？

● 路上，有人欺負你的同學，你願意挺身而出嗎？

● 你欺負過自己的同學或者朋友嗎？

● 對於學習成績不如自己的同學，你覺得他們很笨嗎？

● 對於家庭生活條件很艱苦的同學，你覺得他們不如你嗎？

好習慣

四、積極選擇

　　積極，首先是一種心態，反映了一個人對事物持的是一種樂觀、發展、前進的基本觀點，還是一種悲觀、靜止、無助的基本觀點。只有樂觀、發展、前進的基本假設能夠讓人在做事情的過程中，始終保持着對未來的熱情和渴望，始終堅韌不拔地向前努力：

　　那年，他65歲，已是退休年齡。此後，每月唯一的收入便是從政府那兒領回的105美元養老金。但是山德士知道他製作的炸雞深受顧客歡迎。何不把製作配方變成商品變成價值呢？但他這時有一個想法，就是想以這個炸雞配方做一份事業，讓更多的人吃到這麼美味的炸雞，於是他到印第安納州、俄亥俄州及肯德基州各地的餐廳，將炸雞的配方及方法出售給有興趣的餐廳。剛開始，幾乎沒有人相信這個靠救濟金生活的糟老頭，但是山德士並沒有因此放棄。經歷了整整730個日日夜夜、1009次失敗後，他終於聽到了一聲"同意"。1952年設立在鹽湖城的首家被授權經營的肯德基餐廳建立。令人驚訝的是，在短短五年內，上校在美國及加拿大已發展有400家的連鎖店——這便是世界上餐飲加盟特許經營的開始。山德士成功了！

　　積極選擇，是要把命運掌握在自己手中，而不是交給外在因素的態度。心理學家阿特金森認為，人的成就動機取向有兩種：追求成功和避免失敗。追求成功，就是把達到特定的目標，作為做事情的動力。只注重成功的美麗，不考慮失敗的後果，不怕失敗，失敗了，大不了從頭再來。百折不撓，堅持到底。避免失敗，做事情時，先周密考慮，直到自己有了很大的把握，才去動手。成功固然欣喜，但失敗的後果也不可怕。

培養要點

　　要形成積極選擇的習慣，首先要有對信念的執着精神。選擇了一個信念，就是選擇了為它付出任何可能的代價。形成信念就是一種積極選擇：

　　古希臘有一位演說家，他本來講話是結結巴巴的，為了成為演說家，他經常讀文章練習講話，他還每天到海邊含着滿口沙子，對着大海，大聲地演講，口腔都磨出了血……經過努力，他終於練出了好口才，成為了一個有名的演說家。如果不自己去說去練，只依賴別人，他就永遠是個結巴，當演說家的願望就永遠是個夢想。

形成對成功的渴望，失敗了，除了記住失敗的教訓，其他的大可忘記。不要讓失敗的痛苦佔領你的心房，成為阻礙你前進的絆腳石：

愛迪生在發明燈絲的過程中，前後實驗了1600多種金屬材料和6000多種非金屬材料，當別人問起他失敗了那麼多次，為什麼還不放棄的時候，他只是說，自己已經成功地證明了那些材料為什麼不能用作燈絲，卻不認為自己失敗了。正是這種對失敗只取教訓的做法，才能讓他在無數的挫折面前，始終保持着追求的動力，每次實驗都像第一次，意味着希望和成功的開始，而不是又一次失敗的考驗。沒有人能經得起多少失敗——如果他把那些事情看作失敗的話。但是任何人都能經得起無數次失敗的考驗——如果那些失敗只是一些經驗積累的過程的話。

自我評估
- 如果你的同學之間正在流行兩種活動，一種活動是玩電子遊戲，另一種活動是進行體育鍛煉。參加前一種活動的人比較多，而進行體育鍛煉的人則寥寥無幾，你會選擇哪一種？為什麼？
- 如果你的一些朋友在馬路上滑旱冰，你的滑旱冰技術也是一流的，但是根據交通規則，在馬路上是不允許滑旱冰的，而且這也是十分危險的，你會加入你的朋友嗎？
- 你正在嘗試做一道數學題，但是已經試了幾種方法，還是毫無頭緒，你會選擇放棄嗎？
- 你最想做的事情是什麼？但是如果你雖然很想做這件事，可事實上你又似乎在這方面毫無天賦，甚至有些缺陷，你還會堅持嗎？
- 如果你想出了一個絕妙的主意，你會立刻告訴別人，還是會再仔細斟酌一番，以免因為自己一時的疏忽被別人恥笑？

好習慣

● 儘管你知道路邊的小吃常常不衛生，但是你卻常常無法抵制要去吃的誘惑嗎？
● 對於正在身邊流行的一些事情，但是似乎並不合你的觀念，你還會想去深刻地瞭解它嗎？
● 如果別人批評了你的某些習慣或者說能力上的缺陷，你會怎麼想？
● 和父母一起逛街的時候，你看到了一件特別好玩的東西，會提出來買嗎？如果父母不同意，你會不會想盡一切辦法，甚至包括哭鬧等手段，堅決要買到手？

五、要事第一

做事情高效的一個秘訣就是要善於集中精力。高效的人，往往都是把重要的事情放在第一位，而且一次只做好一件事。多數人在同一段時間內專心致志地只做一件事，都不見得能做好，更別說幾件事了。雜技演員可以雙手同時拋接七八個球，但即使是技術最熟練的演員，也只能玩10分鐘。時間久了，肯定所有的球都會掉下來。既然大多數人並非天才，所以學會集中精力在同一段時間內做好一件事情是十分必要的。

要事第一，需要弄清楚哪些事情可以緩一緩。對於多數人來說，阻礙他們沒有把重要的事情放在第一位的原因，並非他們不知道哪些事情更重要。

培養要點

學會給自己的日常事務劃分重要性，並且規定優先等級。這樣有助於在進行二擇一或者多擇一的時候提醒自己應該選擇什麼，也有助於提醒自己在興之所至，忘乎所以時是否應該繼續下去。

有效的個人管理方法須符合以下標準：

一致。個人的理想與使命、角色與目標、工作重點與計劃、慾望與自制之間，應和諧一致。

平衡。管理方法應有助於生活平衡發展，提醒我們扮演不同的角色，以免忽略了健康、家庭、個人發展等重要的人生層面。有人以為某方面的成功可補償他方面的遺憾，但那終非長久之計。難道成功的事業可以彌補破碎的婚姻、孱弱的身體或人格的缺失？

有重心。理想的管理方法會鼓勵並協助你，着重雖不緊迫卻極重要的事。最有效的方法是以一星期為單位制定計劃。一週7天中，每天各有不同的優先標的，但基本上7日一體，相互呼應。如此安排人生，秘訣在於不要就日程表訂定優先順序，應就事件本身的重要性來安排行事曆。如果有的時候重要的事情被打斷了，要及時把自己應該做好的事情完成，即使時間比較晚了，也不能拖到第二天。

重人性。個人管理的重點在人，不在事。行事固然要講求效率，但以原則為重心的人更重視人際關係的得失。因此有效的個人管理偶爾須犧牲效率，遷就人的因素。畢竟日程表的目的在於協助工作推行，並不是要讓我們為進度落後而產生內疚感。不隨便佔用別人的寶貴時間，是對別人的尊重，也是對自己的尊重。這樣做既有利於別人的工作效率，也有利於自己的事情進展更順暢，避免因為相互影響造成不必要的耽擱和延誤。

能變通。管理方法應為人所用，視實際需要而調整，不可一成不變。有了錯誤及時糾正和彌補是十分重要的。也許有的人習慣於為了自己的面子，而不承認自己的錯誤，但在無形之中，卻失去了更重要的東西，例如時間和友誼，也得到了另外的東西，例如孤獨和煩躁。

攜帶方便。管理工具必須便於攜帶，隨時可供參考修正。

有效的個人管理可分為四個步驟：

確定角色——寫下個人認為重要的角色。假若以往不曾認真考慮這個問題，就把這時閃過腦際的角色逐一寫下。比如，在學校裡你是學生，在家裡你是孩子，在同學、朋友之間你是其中的一分子。

選擇目標——為自己的每個角色訂定未來1週欲達成的2至3個重要成果，列出來。把短期目標與自己的宏觀目標聯繫起來。特別注意設想每一角色及重要目標。在未來1週的目標中，務必有一些真正重要但不急迫之事。

好習慣

安排進度——根據列出的目標，安排未來7天的進程。例如，鍛煉身體是你的目標，那麼不妨安排3至4天，每天運動1小時。有些目標可能必須在學校裡完成，有些得在家裡實現。每個目標都可當做某一天的第一要務，更理想的是當做特殊的約會，全力以赴。對本年度或1個月內已定的約會則一一檢討，凡是符合個人目標的加以保留，否則便取消或更改。經過規劃，"一週行事曆"中，還要留有空白，應付突發事件，調整工作日程，建立人際關係，或偷得半日閒。使一切都在個人掌握之中，無須瞻前顧後。

逐日調整——每天早晨依據行事曆，安排一天的大小事務。強調逐日計劃行事，使事情井然有序，不致因小失大。

自我評估

- 你今天做的最重要的事情是什麼？你都完成了嗎？
- 你總是能保證每天重要的事情按時完成嗎？
- 如果去電影院的時間已經非常緊急了，你還會堅持去買點小吃帶上嗎？
- 由於一些其他的事情耽擱，而使自己的作業沒做完，你會努力彌補，在睡覺之前爭取把作業做完嗎？
- 你喜歡的電視劇要開演了，但是作業沒做完，你會先集中力量做完作業再看電視嗎？還是會先放下作業，看完電視？或者一邊做作業，一邊看電視？
- 你覺得自己總能分得清楚不同事情的輕重緩急，是個做事有大局觀念的人嗎？
- 放學以後，你會接受同學的強烈邀請與他們一起玩，而不是像平時那樣先回家嗎？
- 會不會有些事情，因為往後推遲以至於後來竟然忘記做？
- 有哪件事，你經常做的話會對你個人的生活產生重大的正面影響，可是卻遲遲沒有去做？
- 你會因為自己的急事要求朋友先放下手頭上重要的事情嗎？

糾正

壞習慣

一、不按規則做事

不按規則做事情的習慣，是指做事情沒有規律可循，完全不顧客觀需要和現實要求，只一味地憑自己的想像，想怎麼幹就怎麼幹。規則可能並不複雜，但有所成就的人，多數做事情都講究規則，特別是那些最簡單的規則。

不按規則做事情的危害往往不容易察覺，只有發生了問題的時候，才會發現其嚴重性，但往往為時已晚：

根據全球各交通和警察部門的統計，2003年全世界交通事故死亡人數為50萬人。其中中國交通事故死亡人數為10.4萬人，印度、美國、俄羅斯緊隨其後，分別為8.6萬人、4萬人和2.6萬人。目前，中國的道路交通事故死亡人數在全國總死亡人數中排在腦血管、呼吸系統、惡性腫瘤、心臟病、損傷與中毒以及消化系統疾病後面，居第七位，而全世界的道路交通事故死亡人數在總死亡人數中居第十位。

交通事故為什麼造成這麼多人的死亡，造成眾多家庭的悲痛？這與人們不遵守交通規則是密不可分的。人們常說："不遵守交通規則，不一定發生交通事故，但是發生交通事故，一定有人不遵守交通規則。"對社會大眾來說，交通規則並不複雜，但是做到完全不違反交通規則的又有幾人呢？

克服要點

要糾正不按規則做事情的習慣，就要形成對規則的認識，學會在規則範圍內行事，而不是處處超越規則，做"特殊人"。

① 公平是一項重要的做事規則

社會上有的人常常通過權力、金錢、關係等謀取一些不正當的特殊利益。這種做法就嚴重違反了公平的規則。對於青少年學生來說，更不要嘗試破壞公平規則的做法，否則將對自己的成長極為不利：

有一位中學生，她的成績雖然不是班裡最好的，但也還不錯，只是有些嬌氣。她的母親是教育局的一位領導，經常請學校老師多關照自己的孩子。老師見"上面"發話，哪敢不照辦？於是，這個女孩從小學到中學，一直吃着"偏飯"。學校裡的三好學生非她莫屬，即使需要投票選舉。老師也會想一切辦法給她弄個指標；學校裡的各項活動，也非她莫屬，參加作文比賽，本來班裡有好幾位同學的作文水平都比她高，但老師還是選擇了她；到電視台做小嘉賓，明明是知識競賽，她一點也不感興趣，但老師還是勸她去，說這樣可以鍛煉能力……結果，由於受到格外關照，這個女孩在班裡一直沒有什麼威信，同學們因此而孤立她，使她感到內心很痛苦。另外，在一直被照顧的環境裡生活，也使她漸漸養成了不能經受挫折的性格，遇到一點批評就掉眼淚。

② 誠實也是一項重要的規則

一個社會只有講求誠信，才能良好地運轉下去：

有一名在德國的中國留學生，畢業時成績很優異，但在德國四處求職時，被很多家大公司拒絕，選了一家小公司去求職，沒想到仍然被拒。這位留學生想知道是什麼原因讓他遭拒的。德國人給留學生看了一份記錄，記錄他乘坐公共汽車曾經被抓住過3次逃票。

德國老闆說：

從你的材料上看，你確實很優秀，而且我們也很需要一個像你這樣有能力的人才。但是，我們發現你竟然有過三次逃票被抓住的記錄。第一次，被抓住的時候，你解釋說自己是剛剛到這裡，對乘公共汽車的規則還不熟悉，售票員相信了你的話，只是讓你補票了事。但是後來又有兩次，怎麼解釋呢？我們認為一個人在三毛兩角的蠅頭小利上都靠不住，還能指望在別的事情上信賴他嗎？

在德國抽查逃票一般被查到的幾率是萬分之三，這位高材生居然被抓住3次逃票，在嚴謹的德國人看來，大概那是永遠不可饒恕的。

所以，一個成熟的社會裡，只要有證據表明你是一個信譽良好的人，誠信就是你的通行證。

自我評估

● 你在幼稚園學到了哪些規則？

● 如果你違反了交通規則，被警察逮住了，你是否會想，如果你爸爸是交通局長，警察就不會處罰你了？

● 深夜裡，路上只是偶爾有幾輛車開過。這時候，如果你要過路口，會等到綠燈亮了後再走嗎？

● 你是否覺得老師對某個同學很偏心，因而自己也想獲得老師的偏愛？

● 如果你違反了紀律，願意主動承擔相應的懲罰，還是願意想方設法，包括保證下次不犯了之類的方式，期望老師放自己一馬？

● 你答應別人的事情總能做到嗎？

● 你覺得那些通過權力謀取的利益，是應該的嗎？如果你有機會利用權力得到一些不正當的利益的話，你願意利用嗎？

二、害怕失敗

害怕失敗，是指做事情的時候，總是瞻前顧後，擔心做錯了會受到別人的懲罰、嘲笑等，以至於做事情的時候滿心猜疑，戰戰兢兢。

在由失敗通往勝利的征途上有條河，那條河叫放棄；在由失敗通往勝利的征途上有座橋，那座橋叫努力。

自古希臘以來，人們一直試圖達到4分鐘跑完1英里的目標。人們為了達到這個目標，曾讓獅子追趕奔跑者，也曾喝過真正的虎奶，但是都沒實現4分鐘跑完1英里的目標。於是，許許多多的醫生、教練員和運動員斷言：要人在4分鐘內跑完1英里的路程，那是絕不可能的。因為，我們的骨骼結構不適合，肺活量不夠，風的阻力又太大……理由實在很多很多。

然而，有一個人首先開創了4分鐘跑完1英里的紀錄，證明了許許多多的醫生、教練員和運動員都斷言錯了。這個人就是羅傑‧班尼斯特。更令人驚歎的是，一馬當先，引來了萬馬奔騰。在此之後的一年，又有300名運動員在4分鐘內跑完了1英里的路程。

訓練技術並沒有重大突破，人類的骨骼結構也沒有突然改善，數十年前被認為是根本不可能的事情，為什麼變成了可能的事情？是因為有人沒有放棄努力，是因為有了榜樣的力量。

克服要點
①樂觀面對一切可能的挫折和失敗，堅信明天的太陽依舊燦爛

巴西有一個小孩叫桑托斯，他和巴西的其他小孩一樣，從小酷愛足球。但是後來他得了小兒麻痺症，6次手術之後，雖然免於一死，但卻留下了終身殘疾，他的左膝蓋骨變形，腳尖向外撇，肌肉發育不全，右腿也是嚴重的畸形，他不能站立，只能坐在輪椅上行動。

他看到街上的小夥伴們踢球，真是羨慕極了，有時候看得入迷，自己的腳步也不由

自主地動了起來，可是當他的腳碰到輪椅上的擋板而疼痛難忍時，他又回到殘酷的現實。

正是這個孩子，經過頑強的鍛煉，後來竟能站起來，丟開輪椅，能跑能跳，學會了踢球。他利用自己一隻腳長一隻腳短的特點，練出了在快速奔跑中靈活地突然轉身變向的絕招，同時，利用左腳外撇的缺陷來做假動作，快速轉身切入，形成世界足球史上的奇蹟。他作為國家隊的主力，參加過第六屆、第七屆、第八屆世界盃比賽，為巴西隊連獲兩屆冠軍作出了卓越的貢獻。

這個桑托斯，就是大家所熟悉的加查林，加查林是火箭鳥的意思，由於他比賽時滿場飛快地奔跑，使人想起巴西最常見的飛得最快的火箭鳥。

加查林創造奇蹟，首先在於他克制了自己的痛苦，他沒有坐在輪椅上向隅而泣，而是行動起來，積極地進行頑強的鍛煉，其次，在於他看清楚了問題。他看出失敗並未成為定局，只要努力，還有勝利的希望。

②昨天不能的事，今天可能行，永遠不能放棄希望，不能放棄嘗試

在失敗面前，不做學乖的人：

科學家做過一個有趣的實驗：他們把跳蚤放在桌上，一拍桌子，跳蚤迅即跳起，跳起高度均在其身高的100倍以上，堪稱世界上跳得最高的動物！

然後在跳蚤頭上罩一個玻璃罩，再讓它跳；這一次跳蚤碰到了玻璃罩。連續多次後，跳蚤改變了起跳高度以適應環境，每次跳躍總保持在罩頂以下高度。

接下來逐漸改變玻璃罩的高度，跳蚤都在碰壁後主動改變自己的高度。最後，玻璃罩接近桌面，這時跳蚤已無法再跳了。

科學家於是把玻璃罩打開，再拍桌子，跳蚤仍然不會跳，變成 "爬蚤" 了。

跳蚤變成 "爬蚤" ，並非它已喪失了跳躍的能力，而是由於一次次受挫學乖了，習慣了，麻木了。最可悲之處就在於，實際上的玻璃罩已經不存在，它卻連 "再試一次" 的勇氣都沒有。

自我評估

● 你的學習成績很好，但幾乎每次考試完了之後，你都會擔心這次可能會考砸嗎？

● 你的學習成績不太好，因此每次考試的時候都會想，這次恐怕又得挨罵了嗎？

● 你的學習成績一直不太好，是否嘗試過考試不理想的時候，去做一下原來在低年級的考試題，看看自己能否得個高分？

● 你常常為自己現在的成績不如過去某個時期輝煌而感到沮喪嗎？

● 有一次考試，你突然不知道什麼原因考得非常糟糕，會不會很嚴重地影響自己的心情？

● 與你關係本來很好的一個同學，突然有一天不知道什麼原因好像不願意搭理你了，你會怎麼想？

● 你試了很多辦法仍然不能補上某門一直學得不理想的課，你會不會覺得自己天生不是學這門課的料？

三、抱怨

　　抱怨，是一種消極的做事態度。學會了抱怨，也就是學會了發表空議論，而不注意任何實際問題，從而使所有的問題都無法解決，而且越積越多，直到事態難以收拾，以十分不如意的方法收場為止。

　　抱怨，容易使人忘記目標，把注意力從目標轉移到相關的一些不重要的人、事物和資訊上：

　　有一個年輕人工作不久，老闆對他很不滿意，經常挑他的毛病，這讓他十分惱火。於是他對一位朋友說："我要辭職了，實在受不了老闆的無理了……"朋友靜靜地聽他說完，然後說："你才來了這麼短短的幾天，公司裡的核心機密你一無所知，這樣你即使辭職了對公司來說也毫無損失，豈不便宜了你們老闆？你為什麼不等到把公司的機密都學到手以後再辭職，讓你的老闆後悔呢？"年輕人想了想，覺得有道理。從此他就努力工作，盡可能學習公司裡的運作機密，以備將來跳槽的時候可以狠狠地報復老闆一下。

一年以後，他又碰到了那個朋友。朋友問他："你辭職了嗎？"他說沒有。朋友問他為什麼，他說："不知道什麼原因，老闆現在對我越來越好，而且經常表揚我的工作做得好，還給我升了職，加了薪，我不想辭職了。"朋友笑了笑，說："是啊。這麼有利的環境你怎麼捨得走呢？其實這一切都是你努力學習換來的。"

很多人都在抱怨的時候，忽視了事情的本來面貌，沒有去想自己做事情是否做得好，只是在抱怨自己受到的待遇不公平。這樣下去，也許永遠都得不到公平，因為他們並沒有用實際的努力去爭取。

克服要點

停止抱怨，學會欣賞身邊的一切，從身邊發現生活的美好：

在美國一個城市，有一位先生搭了一部計程車。這位乘客上了車，發現這輛車不只是外觀光鮮亮麗，這位司機先生服裝整齊，車內的佈置亦十分典雅，這位乘客相信這應該是段很舒服的行程。

車子一啟動，司機很熱心地問車內的溫度是否適合？又問他要不要聽音樂或是收音機？這位司機告訴他可以自行選擇喜歡的音樂頻道。這位乘客選擇了爵士音樂，浪漫的爵士風讓人放鬆。

司機在一個紅綠燈前停了下來，回過頭來告訴乘客，車上有早報及當期的雜誌，前面是一個小冰箱，冰箱中的果汁及可樂如果有需要，也可以自行取用，如果想喝熱咖啡，保溫瓶內有熱咖啡。

這些特殊的服務，讓乘客大吃一驚，他不禁望了一下這位司機，司機先生愉悅的表情就像車窗外和煦的陽光。

過了一會，司機先生對乘客說："前面路段可能會塞車，這個時候高速公路反而不會塞車，我們走高速公路好嗎？”在乘客同意後，這位司機又體貼地說：“我是一個無所不聊的人，如果您想聊天，除了政治及宗教外，我什麼都可以聊。如果您想休息或看風景，那我就會靜靜地開車，不打擾您了。”

從一上車到此刻，這位常搭計程車的乘客就充滿了驚奇，他也不禁問這位前方的司機：“你是從什麼時候開始這種服務方式的？”

司機說：“從我覺醒的那一刻開始。”

司機開始談起覺醒的過程。那天他一如往常，抱怨工作辛苦，人生沒有意義。在不經意裡，他聽到廣播節目裡正在談一些人生的態度，大意是你相信什麼，就會得到什麼，如果你覺得日子不順心，那麼所有發生的都會讓你覺得倒楣；相反的，如果今天你覺得是幸運的一天，那麼今天每次碰到的人，都可能是你的貴人。所以我相信，人要快樂，就要停止抱怨，要讓自己改變。就從那一刻開始，我創造了一種新的生活方式，第一步我把車子內內外外整理乾淨，裝一部專線電話，印幾盒高級的名片，我下定決心，要善待每一位乘客。

目的地到了，司機下了車，繞到後面幫乘客開車門，並遞上名片，說聲：

“希望下次有機會再為你服務。”

結果，這位計程車司機的生意沒有受到不景氣的影響，他很少會空車在這個城市裡兜轉，他的客人總是會事先預定好他的車。他的改變，不只是創造了更好的收入，更從工作中得到自尊。

其實，每一個人都想過更好的生活，卻不希望改變自己。一分耕耘有一分收穫，要想希望成真，就必須改變原來的思考態度或行為規範。當我們因為別人的行為沒有達到自己的希望而責怪別人的時候，有沒有想過自己的要求對於別人是否有些過分呢？是否當真必要呢？

改變的力量可能來自於外來壓力，例如交通違章的罰款。但是這只能治標，不能治本。治本的力量來自道德，是推己及人的情懷，是己所不欲、勿施於人的覺醒。

每個人都可以選擇你要的人生。從現在開始，停止抱怨，重塑自我吧！

自我評估

- 你經常抱怨嗎？
- 你抱怨什麼呢？包括哪些人和哪些事。
- 你經常重複地抱怨某個人，某件事，或者某一類事情嗎？
- 有沒有想過自己可能需要改變？
- 你覺得自己的生活中有什麼是美好的嗎？
- 你覺得自己的生活中是美好的事情多，還是令你無奈、不高興，甚至憤怒的事情多？為什麼？
- 你感覺得出自己的抱怨嗎？覺得自己的抱怨可能給別人留下不好的印象，或者造成一些不好的影響嗎？
- 如果現在要有所改變的話，你能給自己找到心甘情願的理由嗎？
- 你迄今學到的最重要的經驗和教訓是什麼？
- 有哪些理想，你曾經深切渴望實現，卻從來沒去嘗試過？
- 哪些人對你的人生影響最大，你從他們身上學到了什麼？
- 你最仰慕的是什麼人？他們的哪些技能和特性，是你也渴望擁有的？
- 你有過多少好想法因為沒有行動而胎死腹中？

四、拖延

　　一般人不成功的最主要原因就是缺乏行動力，凡事拖延。

　　拖延是浪費時間、浪費生命的罪魁禍首：

　　一個危重病人迎來了他生命中的最後一分鐘，死神如期來到了他的身邊。在此之前，死神的形象在他腦海中幾次閃過。他對死神說："再給我一分鐘好麼？"死神回答："你要一分鐘幹什麼？"他說："我想利用這一分鐘看看藍天白雲，看看田園村舍，想想我的朋友和親人。"

死神說：“你想得很好，但我不能答應。原本你有足夠的時間去做這一切，但你卻沒有像現在這樣珍惜。看看你的生命時間記錄吧：在60年的生命中，你有三分之一的時間在睡覺；剩下的30多年裡你經常拖延時間；感歎時間太慢的次數達到了10000次，平均每天一次。上學時，你拖延完成家庭作業；成年後，你抽煙、喝酒、看電視，虛擲光陰。做事拖延的時間從青年到老年共耗36500個小時，折合1520天。做事有頭無尾、馬馬虎虎，使得事情不斷地要重做，浪費了大約300多天。因為無所事事，你經常發獃；你經常埋怨、責怪別人，找藉口、找理由、推卸責任；你利用工作時間和同事聊天，把工作丟到了一旁毫無顧忌；工作時間呼呼大睡，你還和無聊的人煲電話粥；你參加了無數次無所用心、懶散昏睡的會議，這使你睡眠遠遠超出了20年；你也組織了許多類似的無聊會議，使更多的人和你一樣睡眠超標；還有……”

說到這裡，病人斷了氣。死神歎了口氣說：“如果你活着的時候能節約一分鐘的話，你就能聽完我給你做的時間記錄了。哎，真可惜，世人怎麼都是這樣，還等不到我動手就後悔死了。”

是什麼讓有些人遇事喜歡拖延呢？

擔心自己可能做不好，並受到別人的嘲笑，是一部分人喜歡拖延的原因。

克服要點
① 形成凡事馬上行動的習慣

有人問推銷大王湯姆·霍普金斯：“你成功的秘訣是什麼？”

他回答說：“每當我遇到挫折的時候，我只有一個信念，那就是馬上行動，堅持到底。成功者絕不放棄，放棄者絕不會成功！”

有一個人請問一個非常成功的人士。

“請問你成功的秘訣到底是什麼？”

他說：“馬上行動！”

“當你遇到困難的時候，請問你到底如何處理？”

他說："馬上行動！"

"當你遇到挫折的時候，你要如何克服？"

他說："馬上行動！"

"在未來當你遇到瓶頸的時候，你要如何突破？"

他說："馬上行動！"

"假如你要分享你成功的秘訣給全世界每一個人，那你要告訴他什麼？"

他說："馬上行動！"

今天我們只要使用一個觀念，就可能改變生命。

② 提高行動的速度和效率

拿破侖說："行動和速度是致勝的關鍵。" 而要想提高行動的速度和效率，就需要建立秩序。

③ 不給自己任何藉口

有的人習慣於為自己找理由，而且還矢口否認是在找藉口。要改掉拖延的習慣，必須確立這樣一種信念：只要自己的時間被拖延了，任何理由都不能給自己找回這些時間，那麼自己就已經做錯了，必須立即糾正錯誤的行為。

自我評估

● 你有做事拖延的習慣嗎？具體有哪些表現？請詳細地列下來。

● 你的東西都放得很有規律嗎？

● 你經常有想找某件東西，比如一本書，找不到的現象嗎？

● 有一天早上，你覺得很累，不想起床，你會賴多久？如果意識到了不應該這樣，還會繼續賴床嗎？

● 別人請你做一件事，你出現過反復跑好幾次，或者彌補了好幾遍才做好的情況嗎？

● 如果你比較怕見陌生人，但有個人你又必須見，你會捱到最後一刻才去敲他的門嗎？

● 你試著算過自己拖延而浪費掉的時間嗎？多嗎？

● 你打算現在制訂個目標，立即行動嗎？

五、苛求完美

苛求完美，就是在生活中過分對人、對事、對事物提出苛刻的要求：

有位漁夫從海裡撈到一顆晶瑩圓潤的大珍珠，愛不釋手。但是美中不足的是珍珠的上面有個小黑點。漁夫想，如能將小黑點去掉，珍珠將變成無價之寶。可是漁夫剝掉一層，黑點仍在；再剝一層，黑點還在；一層層剝到最後，黑點沒有了，珍珠也不復存在了。

其實，有黑點的珍珠不過是白璧微瑕，正是其渾然天成不着痕跡的可貴之處，如同"清水出芙蓉，天然去雕飾"。美在自然，美在樸實，美得真切。而漁夫想得到美的極致，在他消除了所謂的不足時，美也消失在他過於追求完美的過程中了。美真正的價值往往不在於它的完整，而在於那一點點的殘缺，如同喪失雙臂的維納斯，給人無限遐思。

在生活中，許多人把完美主義與奮發進取、精益求精、追求成功相混淆了。完美主義者與其說是追求完美和成功，不如說是害怕缺點和失敗。他們信奉只有完美或成功的人，才是有價值的人。因而，他們吹毛求疵，常常忽視自己的優點和進步。因為害怕失敗，他們常常在行動上猶豫不決，在選擇時優柔寡斷，因而錯失良機，裹足不前。這使他們陷入一個痛苦的怪圈：追求完美，卻總發現自己缺點頗多；企求成功，卻總感到一事無成。

為了從99.9%跨越到理想中的100%，完美主義者付出多出正常標準很多倍的時間。但是事情到最後的那0.1%最難獲得，和前面根本不成比例，是得不償失：

小林的數學歷來是優勢科目，但是往往也得不了滿分，而只能得到95分左右，所以他拚命想考100分或者97、98分，但是卻又不可能。另一方面，他的英語成績不太好，只能考到75分上下，但是他卻覺得沒什麼，因為那本來就不是自己擅長的科目。所以，他從來不覺得如果英語考到85分，乃至95分其實也很重要、很有意義。

完美主義讓小林得了數學，卻丟了英語。這是真正的完美嗎？

107

某個方面的完美並不能讓人更有尊嚴，更受人尊重，那些只不過是自我的感覺罷了。缺陷永遠是缺陷，不是靠某個方面的完美就能遮蓋了的。

完美主義者會特別注意細節、要求規矩、缺乏彈性、標準很高、注重外表的呈現、不允許犯錯、自信心低落、追求秩序與整潔、自我懷疑、無法信任他人。所以完美主義的追求，容易引發許多交際問題和人際衝突。

克服要點

① 從完美主義的夢中醒來

完美主義是個漂亮的陷阱，讓人覺得自己高人一籌，別人都是沒用的、低能的。而別人卻視你為穩重、聰明、無所不能的偶像。因此而獲得巨大的成就感，虛榮心也得到了極大滿足，整日沾沾自喜。其實完美主義者自己心裡正在發虛，活得比誰都辛苦，羨慕身邊每個人舒服、安逸的生活。

② 承認萬物都有缺憾。世界上沒有絕對的完美

真正的完美往往只是一種假像。例如天然的水晶往往不是完全清澈透明的。如果看到一塊確實夠大、又很清澈的水晶，那十有八九是人造的。這就是生活本來的面目，要麼任意雕刻自己，讓自己看上去十分完美，要麼順其自然，有些不完美，卻十分真實自然。

③ 大膽嘗試新事物

一個人如果太過追求完美，就不敢輕易嘗試新事物。因為他總是擔心如果這件事情別人都學會了，都做得很好，而自己做得不夠好，不是最好的話，別人可能會覺得他不過如此。長此以往，他就會局限在自己原有的那個狹小天地裡，總也跳不出井口，最後真的會成為人們取笑的物件。

④ 給別人喘息的機會

如果總是苛求完美，那麼身邊的人就不敢輕易與你交往，也有的人甚至拒絕和你交往。因為在你的眼裡，別人的毛病必然不少，一來二去，你總有一天會忍不住說出這

些，而時間再久一些，你可能就形成了指責別人的習慣。誰會願意跟一個動不動就指責自己的人在一起做朋友？"己所不欲，勿施於人！"給別人喘息的機會，也就是給自己交朋友的機會。

自我評估

● 你是否總在盡力讓所有人都滿意自己，而自己卻活得很辛苦？仔細想想，這對你真的十分有意義嗎？

● 你是不是覺得自己如果不能表現得比別人好的話，別人會無視你的存在，吸引不了別人的眼光？

● 你有沒有想到過，追求完美的背後其實竟是無能怯懦的心理？如果有的話，你是不是覺得臉在發燒，羞愧難當？

● 在你的同學、朋友或者長輩中找出一位你認為很優秀的，然後在紙的左邊寫上你優於他的地方，在紙的右邊寫上他優於你的地方。越多越好，一定要客觀，不要有任何的害羞的心理。

● 如果有一次考試你考得很糟糕，你是有一種很難過的感覺，還是會寬慰自己，這次只是意外？

● 你在原來的班級裡總是考前幾名，但升學後卻一直在十名以外排徊，你會不會懷疑自己的能力？

● 如果你是特別遵守課堂秩序的學生，而有個同學上課喜歡做些小動作，不大專心聽講，但他的成績比你的要好，你會喜歡這個同學嗎？

● 你是否經常特別關注自己的衣着、衛生等？

● 你是否覺得身邊的同學太俗氣，不如自己高雅、有思想？

● 有天早上，你不小心睡過了頭，結果上學遲到了，打破了你從不遲到的紀錄，你是否會特別沮喪？

● 由於剛剛升入新的學校不久，忽然一次測驗裡你的拿手科目竟然考了個不及格，你會怎麼想？

第三部分

學習的習慣

VS

培養
好習慣

主動學習

樂於探索

不斷自我更新

做中學，學中做

科學利用和管理資訊

糾正
壞習慣

厭學

馬虎

沒有目標

沒有計劃

磨蹭

不專心

培養 好習慣

一、主動學習

　　主動學習，意指把學習當作一種發自內心的、反映個體需要的學習。它的對立面是被動學習，即把學習當作外來的、不得不接受的一項活動。

　　主動學習的習慣，本質上是視學習為自己的迫切需要和願望，堅持不懈地進行自主學習，自我評價、自我監督，必要的時候進行適當的調節，使自己的學習效率更高、效果更好。當然，不是每個人都是天生的"愛"學習者，所以培養主動學習的習慣，有時候也需要別人的提醒和幫助。

　　具體地說，培養主動學習的習慣，首先要把學習當成自己的事情。

　　這主要體現在處理好關於學習的每個細節，盡量不需要別人的提醒，進行自我管理。

　　其次，對於學習有如飢似渴的需要，有隨時隨地只要有一點時間就要用來學習的勁頭。

魯迅説，我只是把別人喝咖啡的時間，用在了讀書上。他還説，時間就像海綿裡的水，只要願意擠總會有的。事實上，一個人如果養成了主動學習的習慣，他就永遠不會抱怨時間不夠用，因為隨時隨地，只要有空閒，他首先想到的事情總會是學習。這樣就能把零散的時間都利用起來。

最後，正確對待別人的幫助。

常常有學生抱怨自己的學習不好是因為父母幫助得不夠，或者不給自己請好的家教之類的。其實，如果稍微細心些，就能發現越是學習好的學生，越是有思想的人，對別人的直接幫助需要得越少，他們更多地自己埋頭鑽研。

培養要點

① 要形成對學習如飢似渴的需要

只有形成了對學習如飢似渴的需要，才能主動去尋找和發現自己感興趣的學習資源，才能主動挑戰任何學習困難。

② 學會進行自我評價

有正確的自我評價，就能弄清楚自己的學習狀況，既知道自己的成績和優勢，也知道自己的不足和缺陷。這樣既有利於發揮自己的長處，也有利於進行改善和提高。

還要根據情況的變化調節自己的學習目標和行為。世界處於不斷的變化之中，在不斷變化的世界中，只有能及時應對變化的人，才能時時處處得心應手。

③ 正確對待外來幫助

當我們遇到困難的時候，常常想得到別人的援助。因此失敗的時候，回首從前，我們喜歡説："如果那時候，某某能幫我一把，我就不會現在這個樣子了。" 不可否認，很多人的成功似乎由於在某個時刻得到了別人的幫助。但是，在生活中，我們不是常常不屑於那些 "靠着老子的便利才一步登天" 的人嗎？所以，別人的運氣，不應該成為為自己開脱的理由。

自我評估

考察自己是否形成了主動學習的習慣，可以從需求水平、積極程度、適應能力、毅力、意志和獨立性等幾個方面進行。

需求水平：

- 你是否對自己在學校裡學習的每門科目都熱情高漲？
- 對於學習的課程，你覺得它們更像是負擔，還是更像是能解決心中疑惑的資訊來源？
- 你會由於自己提出了一個疑問無法解答，而去找些可能相關的書來看，以求解決自己的問題嗎？
- 你常常覺得學校裡學習的東西不夠用嗎？
- 你喜歡學別人都不會，甚至可能都沒聽說過的知識嗎？即使你學的東西學校裡的任何課程都不教，對自己的成績看起來也不會有任何幫助。
- 你經常自己動手做實驗，或者做一些有趣的小東西，包括玩具、手工藝品和小發明嗎？

積極程度：

- 你是否因為某個老師講課質量不高、老師本身不討人喜歡、課程內容沒有意思而不喜歡某門課？
- 你對特別喜歡的科目，是否經常超出學校學習的進度，提前自學，甚至提前到了高年級才可能學習的部分？
- 如果父母或者老師不能或者不願意回答你的某些問題，甚至批評你的問題太離譜或者愚蠢，你會堅持自己去弄懂問題的原因嗎？
- 如果你有的科目成績很差，你是任其自然地就這樣下去，還是堅信自己應該能學好？
- 如果你的成績在班裡一直都不算好，你覺得自己的學習有沒有希望？
- 如果你的成績不錯，是常常覺得學習太簡單、似乎沒什麼意思呢，還是常常自己找些有難度的題目來挑戰自己？
- 對於作業和考試中出現的錯題，你怎麼對待？

適應能力：

● 對於一門新開設的課程，過了一個多月，甚至一個學期了，你依然覺得沒有頭緒，常常記不住它的知識點嗎？

● 某門課你原來學得還不錯，會因為突然換了一個你不喜歡的老師而成績下降甚至變成了"老大難"科目嗎？

● 到了一個新的學校後，你會因為環境的陌生而影響學習嗎？

毅力：

● 你能堅持每天先做完作業再玩嗎？

● 如果電視裡正在播放你喜歡的電視節目，而你做作業又遇到了個難題一時又解決不了，你會放下手裡的作業去看電視嗎？

● 對於自己制訂的學習計劃，你總能徹底執行嗎？

意志：

● 如果周圍的同學都說某門學科是副科，不值得花太多時間，而你又特別喜歡，你還願意繼續花很多時間學習它嗎？

● 你認為自己是否必須努力學好現在的所有課程？

● 你是否對所有的功課都全力以赴並達到自己的學習目標了？

● 對於成績比較差的科目，你是否覺得自己根本不可能學好它，還是覺得自己還需要再想想別的辦法，下點苦功夫把它學好？

● 你能為了提高某門功課的成績，每天堅持拿出專門的一個小時時間來學習它，連續堅持兩個月嗎？

獨立性：

● 如果做作業遇到了難題，你會自己解答，還是去問別人，包括父母、同學和老師等？

● 你有學習課外知識的偏好嗎？

● 你會因為某件事情引起了自己的興趣，而暫時放下手頭的事情，一定弄出個究竟來嗎？

好習慣

二、樂於探索

　　探索，就是在未知的領域裡，憑藉自己的興趣愛好、憑藉自己的發現和尋找進行學習，多方尋求答案，解決疑問。

　　探索來源於興趣，但不是"三分鐘熱度"。愛因斯坦說，興趣是最好的老師。一旦產生了興趣，就會產生弄清楚事物來龍去脈的衝動。當這種衝動不是曇花一現，而是指引着一個人堅持不懈地去努力尋求原因時，就成了真正的探索：

　　諾貝爾物理學獎得主、美國加州理工學院物理系教授費曼天性好奇，自稱"科學頑童"。他在普林斯頓大學唸研究生的時候，研究螞蟻怎樣通報資訊的故事，充分說明了這個稱號對他名副其實。

　　為了弄清楚螞蟻是怎樣找到食物的，又是如何通報食物在哪兒的，他着手做了一系列實驗。如找個地方放上些糖，看螞蟻需要多長時間能夠找到，找到之後又如何告訴同伴。然後用彩色筆跟蹤畫出螞蟻回家的路線，看究竟是直的還是彎的。通過這些實驗，他發現螞蟻是嗅着氣味回家的。後來，當他發現螞蟻成群結隊地"光顧"自己的食品櫃時，他運用自己發現的規律成功地改變了螞蟻們前進的路線。

　　探索還來源於懷疑。沒有疑問，就沒有探索。對於別人提出來的觀點，不假思索地接受，也會埋葬探索的機會：

　　科學世家的"小公主"、居里夫婦的女兒伊倫·約里奧·居里，與丈夫一起獲得1935年的諾貝爾化學獎。她小時候非常好動，淘氣得像個男孩子，但是自從參加由母親居里夫人及其好友朗之萬、佩蘭等人制訂的合作教育計劃，她的淘氣變成了對未知事物強烈的愛好和探索精神。有一次，物理學家朗之萬給孩子們出了一個問題：把一條金魚放進一個裝滿水的魚缸裡，然後把溢出來的水接在另一個缸子裡，結果卻發現這些水的體積比金魚的體積小，為什麼？

　　孩子們七嘴八舌議論紛紛。伊倫沒有參加討論，而是在想浮力定律——浸在水中的物體所排開水的體積應當與物體體積相等。可是這個定律怎麼到了金魚身上就不靈了呢？又想，朗之萬是知識淵博的大物理學家，總不會是他弄錯了吧？

一回到家，她就去問媽媽這個怪問題。居里夫人想了想後，笑笑說：〝伊倫，你動手做一下，試試看就知道了。〞伊倫一定要弄出個究竟，想證實自己的想法是正確的。於是她從實驗台上取了個缸子，又弄了條金魚，開始做實驗，結果竟然是溢出的水體積與金魚的體積一樣。

〝奇怪呀！為什麼朗之萬說體積不相等呢？〞伊倫想了半天，最後好像下了很大的決心。

第二天一上課，她就質問朗之萬，為什麼給他們提出一個錯誤的結論，並詳細地描述了自己的實驗經過和結果。朗之萬聽完，讚賞地笑了：〝伊倫，你是個聰明的孩子。通過這個小謊言，我想告訴孩子們──科學家說的話不一定就對，只能相信事實，嚴謹的實驗才是最可靠的證人。〞

培養要點

① 要對周圍某些事物、現象，對聽到、看到的觀點、看法有濃厚的興趣

如果周圍的任何事物和現象都引不起你的絲毫興趣，不能令你有所感觸，不能讓你心動，那就不可能產生真正的探索。

② 培養不斷探索的習慣，還需要有自己相應的探索工具和場所

特別對於實驗科學來說，有一個雛形實驗室十分重要，而對於動手製作來說，一些手工工具也必不可少。

③ 培養不斷探索的習慣，需要不斷豐富自己的資訊資源

資訊資源，既包括人的方面的資源，也包括知識方面的資源。

好習慣

自我評估

● 你能夠列舉出自己感興趣的問題嗎？列舉得越多越好。

● 對於上面你列舉出的問題，你試過去解答它們嗎？用什麼方法去嘗試的？有多少最終獲得了滿意的答案？

● 你提出過創新性的想法嗎？這些想法中有哪些得到了別人的讚賞，哪些別人不以為然？

● 你有時候會被一件偶然的現象所吸引，並且長時間的觀察和研究這個現象，直到得到滿意的解釋為止嗎？

● 你和別人爭論過對一些熱點社會現象的看法嗎？你的爭論有沒有鮮明的特色？

● 你常常喜歡動手做實驗來驗證別人的某些觀點或者在學校裡學習的知識嗎？

● 對社會上流傳的熱門專業，各種媒體每年評出的“十大科技新聞”，新聞裡報道的最新發現之類的消息，你是否留意？有沒有通過各種手段，如搜索互聯網、報刊、雜誌，或者諮詢老師等深入瞭解這些資訊？

● 你身邊有引領你發展潛力和發揮優勢能力的人嗎？

● 你進行過探險活動嗎？遇到過真正的危險嗎？那些危險是否本可以避免的？

● 你曾經因為進行某些探索，例如拆卸家裡的鬧鐘之類的某件物品而遭受過父母的訓斥嗎？訓斥之後，你依然故我，還是變得不再敢做這些事，以至於現在也沒有什麼動手的興趣了呢？

● 你常常關注一些對提高學習成績似乎一點用處也沒有的資訊嗎？如果別人認為你不務正業，你是什麼態度？

● 你到陌生的地方進行過探險嗎？在探險的時候，你是否有種莫名的恐慌？還是覺得到處都是能引起驚奇的事物和現象？

三、不斷自我更新

自我更新，就是不固守已經掌握的知識、形成的能力，從發展和提高的角度，對自己的知識、認識和能力進行不斷地完善。

自我更新，需要不斷地對自己掌握的知識和能力進行聯繫、推敲、質疑和發展。隨便打開一門學科的任何主題的綜述類論文，我們都能看到這樣一個現象：所有的科學發展，最初幾乎都顯得非常幼稚，甚至很多觀點對我們來說簡直幼稚得可笑。但是，正是從這種幼稚開始，一個嚴密的科學體系逐漸建立了起來。對於具體某個人來說，最初產生的認識和能力在更高水準的人看來往往也是幼稚的，但是所有高水準的人也是從幼稚開始發展的。明白自己的認識存在發展的空間，也就是說，存在"幼稚"的一面，是進行自我更新的前提。

在二十四史中，《史記》被譽為"史家之絕唱"。這部史學巨著就是西漢時期著名的大史學家、大文學家司馬遷及其父親司馬談"父子相繼纂其職"撰成的：

司馬談針對歷史學除了孔子在四百多年以前刪編過《春秋》之外，幾乎一片空白的事實，立志整理出一部歷史書來。他利用皇家圖書館的便利條件，熟讀前代歷史和經典文獻。但是，由於古代書籍本來就少，加上秦始皇推行高壓統治，只留下一點斷簡零篇，不少史事的記載還互相矛盾、真假難辨。所以，司馬談經過深思熟慮，鼓勵司馬遷到全國各地走一走，察看各地的地理和風土人情，觀瞻歷史遺址，搜集書本上沒有記載的遺聞軼事。

司馬遷特地從皇家圖書館借來了一張勘輿地圖，父子倆詳細地研究了出行的路線、一路上應當注意的問題、有哪些可能的線索以及怎樣才能搜集到可靠材料的方法。司馬遷為了不忘記父親的教誨，還專門用簡牘一條條記上，裝入行囊。

臨行前，司馬談得知董仲舒已經向當朝皇帝提出罷黜百家、獨尊儒術的建議，皇帝也已經接受，準備下詔頒令天下。司馬遷聽父親說了之後，表示一定博採諸子百家之說，不拘泥於一家一宗。雖然為了不忤皇帝的旨意，要突出撰寫儒家的歷史，但對其他

好習慣

各家也要全面記述，自己此行在搜集材料方面，一定要注意這個問題。

在對大江南北的遊歷和實地考察過程中，司馬遷飽覽了名山大川，體會到了祖國的偉大、山河的壯麗。由於他深入民間，廣泛地接觸到勞動人民，博採各種口碑傳說，收集的材料十分詳實可靠。

回到長安，父子倆將近三年不見，司馬談從兒子的言談之中，發現司馬遷的變化十分神速。三年時間裡，他不僅掌握了許多自己也沒有聽說過的史實，而且對下層人民特別關注，形成了自己的歷史觀。

整理工作結束之後，司馬遷接受朝廷派遣，出使西南（即今天的四川和雲貴地區）傳達詔令。司馬談得知後十分高興，認為這是一次難得的機會，可以瞭解西南夷人的風俗，熟悉巴蜀的歷史。像上次一樣，司馬談為兒子制定了詳細的遊歷考察計劃。

後來，司馬遷果然擔任了太史令，最終撰寫完成了名垂青史的《史記》。

司馬談對司馬遷的教育，除了把自己的知識傳授給兒子，讓他從小跟隨名師，更重要的是激勵了兒子的事業心和為他提供"行萬里路"的機會。如果司馬遷只學書本知識，不出門飽受長途旅行之苦，他也不可能寫出《史記》這樣萬世流芳的鴻篇巨制。

培養要點

① 要讓自己心態開放

要對一切新資訊和新事物持有開放的心態，對於它們當中的糟粕，要給予有力的反駁和批判，對它們當中先進和有價值的資訊，也要充分深入地理解、運用和認識。

② 培養對新事物、新現象的敏感性

能夠敏感地發現新事物的不同之處，對於自我更新非常重要：

1928年9月的一天早晨，英國倫敦聖瑪麗醫院的細菌學家弗萊明像往常一樣，來到了實驗室。

在實驗室裡一排排的架子上，整整齊齊排列着很多玻璃培養器皿，上面分別貼着標籤寫着：鏈狀球菌、葡萄狀球菌、炭疽菌、大腸桿菌等。這些都是有毒的細菌，弗萊明

收集它們，是在尋找一種能夠制服它們並把它們培養成無毒細菌的方法。尤其是其中一種在顯微鏡下看起來像葡萄球狀的細菌，存在很廣泛，危害也很大，傷口感染化膿，就是它在"作怪"。弗萊明試驗了各種藥劑，力圖找到一種能殺它的理想藥品，但是一直沒有成功。

弗萊明來到架子前，逐個檢查着培養器皿中細菌的變化。當他來到靠近窗戶的一隻培養器前的時候，他皺起了眉頭，自言自語道："唉，怎麼搞的，竟然變成了這個樣子！"原來，貼着葡萄狀球菌的標籤的培養器裡，盛放的培養基發了黴，長出一圈青色的黴。

他的助手趕緊過來說："這是被雜菌污染了，別再用它了，讓我倒掉它吧。"弗萊明沒有馬上把這培養器交給助手，而是仔細觀察了一會兒。使他感到驚奇的是：在青色黴菌的周圍，有一小圈空白的區域，原來生長的葡萄狀球菌消失了。難道是這種青黴菌的分泌物把葡萄狀球菌殺滅了嗎？

想到這裡，弗萊明興奮地把它放到了顯微鏡下進行觀察。結果發現，青黴菌附近的葡萄狀球菌已經全部死去，只留下一點殘跡。他立即決定，把青黴菌放進培養基中培養。

幾天後，青黴菌明顯繁殖起來。於是，弗萊明進行了試驗：用一根線蘸上溶了水的葡萄狀球菌，放到青黴菌的培養器中，幾小時後，葡萄狀球菌全部死亡。接着，他分別把帶有白喉菌、肺炎菌、鏈狀球菌、炭疽菌的線放進去，這些細菌也很快死亡。但是放入帶有傷寒菌和大腸桿菌等的線，這幾種細菌照樣繁殖。

為了試驗青黴菌對葡萄狀球菌的殺滅能力有多大，弗萊明把青黴菌培養液加水稀釋，先是一倍、兩倍……最後以八百倍水稀釋，結果它對葡萄狀球菌和肺炎菌的殺滅能力仍然存在。這是當時人類發現的最強有力的一種殺菌物質了。

1929年6月，弗萊明把他的發現寫成論文發表。他把這種青黴菌分泌的殺菌物質稱為"青黴素"。

弗萊明發現青黴素，似乎是偶然的，但卻是他細心觀察的必然結果。他的發現，為後來的科學家開闢了道路。

好習慣

　　1945年，弗萊明因在青黴素發現利用方面做出的傑出貢獻，與佛羅理和錢恩共同獲得了諾貝爾生理學及醫學獎金。

③ 虛心也是自我更新需要的重要素質

　　有一天，柳公權和幾個小夥伴舉行"書會"。這時，一個賣豆腐的老人看到他寫的幾個字"會寫飛鳳家，敢在人前誇"，覺得這孩子太驕傲了，便皺皺眉頭，說："這字寫得並不好，好像我的豆腐一樣，軟塌塌的，沒筋沒骨，還值得在人前誇嗎？"柳公權一聽，很不高興地說："有本事，你寫幾個字讓我看看。"

　　老人爽朗地笑了笑，說："不敢，不敢，我是一個粗人，寫不好字。可是，人家有人用腳都寫得比你好得多呢！不信，你到華京城看看去吧。"

　　第二天，柳公權起了個早，獨自去了華京城。一進華京城，他就看見一棵大槐樹下圍了許多人。他擠進人群，只見一個沒有雙臂的黑瘦老頭赤着雙腳，坐在地上，左腳壓紙，右腳夾筆，正在揮灑自如地寫對聯，筆下的字跡似群馬奔騰、龍飛鳳舞，博得圍觀的人們陣陣喝彩。

　　柳公權"撲通"一聲跪在老人面前，說："我願意拜您為師，請您告訴我寫字的秘訣……"老人慌忙用腳拉起小公權說："我是個孤苦的人，生來沒手，只得靠腳巧混生活，怎麼能為人師表呢？"小公權苦苦哀求，老人才在地上鋪了一張紙，用右腳寫了幾個字：

　　"寫盡八缸水，硯染澇池黑；博取百家長，始得龍鳳飛。"

　　柳公權把老人的話牢記在心，從此發奮練字。手上磨起了厚厚的繭子，衣肘補了一層又一層。經過苦練，柳公權終於成為著名書法家。

④ 重視別人的意見，主動納言，對自我更新意義非凡

- 你常常反思自己的思想、行為、觀點嗎？
- 你對新聞裡的熱點消息喜歡一探究竟，還是不以為然，很快淡忘？
- 對別人的批評意見，你經常為自己找理由辯解嗎？
- 對一些不可思議的事情，比如ＵＦＯ，你認為只是別人的惡作劇，還是覺得值得深入研究？
- 在日常生活中，你曾經發現過一些反常的現象，並努力作出比較科學的解釋嗎？
- 你是否經常和父母、老師、兄長等探討一些問題，從他們那兒獲得一些新鮮趣聞？
- 如果你對自己的某個看法深感得意，而有個人卻覺得不以為然，你一般會怎麼想？
- 你有沒有做得特別拿手的事情？如果有，那麼你覺得自己是否已經達到幾乎無人能夠超越的水平？你喜歡高談闊論嗎？喜歡說些豪言壯語，表達自己的志向高遠嗎？
- 對自己特別喜歡的學科，你是經常超前學習，還是保證能夠在同學們中間領先就滿意了？
- 你喜歡羨慕和誇獎你的朋友，還是喜歡勝你一籌的朋友？為什麼？
- 如果你的學習成績不是很理想，你願意去超前學習，探索學校裡也不學的知識嗎？

四、做中學，學中做

"做中學，學中做" 就是要自己動手，在實踐中觀察和思考，以悟得新知；同時將習得的知識與具體的生活實踐相聯繫，學以致用，活學活用。

好習慣

"做中學，學中做"的精髓一方面在於把間接的經驗和知識還原為活的、有實用價值的知識。這個還原的過程則需要有一雙敏銳的眼睛和始終思考的心靈。一雙敏銳的眼鏡，讓你去觀察世界裡的現象是什麼樣子的。而始終思考的心靈，則讓你不斷去發現現象背後隱藏的規律。

"做中學，學中做"的精髓，另一方面在於動手。理論上行得通的東西，在實踐中做起來可能遠遠比想像的複雜得多。"紙上得來終覺淺，絕知此事要躬行"，動手做一做，比單純的"紙上談兵"要來得更具體、更全面，也更直觀。對於技術性的工作，最優秀的往往不是學歷高的人，而是有操作傾向、操作能力和操作經驗的人：

一天，發明家愛迪生把一隻燈泡交給他的助手——普林斯頓大學數學系畢業生阿普頓，要他算出玻璃燈泡的容積。阿普頓拿着燈泡琢磨了好長時間，用尺在燈泡上下左右量了一陣，又在紙上畫了好多的草圖，寫滿了各種尺寸，列了許多道算式，算來算去還沒有算出結果。愛迪生見他算得滿頭大汗，就對他說："我的上帝！你還是用這個方法算吧！"他在燈泡裡倒滿了水遞給阿普頓說："把這些水倒進量杯裡，看一看它的體積，就是燈泡的容積了。"阿普頓聽了頓時恍然大悟，於是很快就測出了燈泡的容積。

培養要點

① 首先要經常觀察和思考

觀察和思考是一切智慧的源泉。現象和規律都客觀地存在着，就像蘋果園裡的蘋果年年都會往下掉，被砸中的人也不計其數，可是卻只有牛頓發現了萬有引力定律。這就是觀察和思考的效果。可以說，幾乎所有的發現都來源於細心的觀察和思考。

② "做"是這一習慣的核心，所以需要不斷動手去做實驗，驗證自己提出的想法和觀點

③ 除了實驗，"玩"也是"做"的重要方式之一

人喜歡的"玩"有兩種方式，一種是純粹為了輕鬆，什麼也不想做，屬於"遊手好閒"的玩。還有是一種探索性的玩，凡事想弄個究竟，想玩出點花樣。同樣是玩遊戲，

有的人能從玩中學會自己編遊戲程式，而有的人則沉溺於其中，荒廢青春年華。所以從本質上來說，玩也不是完全一樣的，區別的關鍵在於玩的過程中，大腦是被遊戲牽着走，還是在為遊戲設計規則、進行改進和提高。

④ 知識是動手操作的生長點

任何動手操作的成功，都離不開知識。在探索性的動手過程中，可能我們剛開始並不很清楚裡面的規律、蘊含的知識，但是操作的過程只有符合了規律之後才能成功。所以，對於動手操作來說，最終總結出其中蘊含的知識非常重要。只有總結出了規律性的知識，操作才有推廣的價值，才能更有效、更高效地推廣利用。

自我評估
- 對於平時學到的知識，你能把它們記住，較好地運用於解答具體題目嗎？
- 你經常把學到的知識與日常生活中的現象聯繫起來嗎？
- 你嘗試過設計家用的局部電路嗎？
- 你運用學習的知識進行過小發明創造嗎？
- 生活中有些不太方便的事情，你試着想辦法使之變得方便嗎？
- 在玩的過程中，你會突發奇想，產生一個很有趣的想法，並立即付諸行動嗎？

五、科學利用和管理資訊

在知識社會裡，資訊浩如煙海，會游泳者生，不會游泳者亡。這裡的"游泳"就是指管理知識與處理資訊。科學利用和管理資訊，就是在面對大量資訊時，運用科學的手段和方法進行查找、識別、篩選等，使資訊和知識發揮其最大功能，為己利用。

可以肯定地說，21世紀最重要的學習能力，就是學會管理知識和處理資訊。具體說，你不可能也不需要記住所有的知識，但你知道去哪裡找你需要的知識，並且能夠迅

好習慣

捷地找到；你不可能也不需要瞭解所有的資訊，但你知道最重要的資訊是什麼，並且明白自己該怎麼行動。

科學利用和管理資訊，首先要學會反思。孔子之所以成為千古聖賢，得益於"一日三省吾身"。中國之所以有改革開放的巨變，得益於對歷史與現實的反思。人類之所以嚮往和平與發展並越來越重視環境保護，也得益於對歷史與現實的反思。具體到我們每一個人的真正進步，無不得益於對過去的反思。所以說，人之所以為人，反思是特別重要的特點之一。

要學會管理知識和處理資訊，不使用電腦和互聯網幾乎是做不到的。學會有效地利用電腦和網路，同時要在瞭解的基礎上避免對電腦和網路的不良運用。

電腦的功能有很多，如遊戲、繪圖、統計、閱讀電子出版物、看電影或動畫片、聽音樂等等。互聯網的功能遠遠勝過電腦。當我們的電腦與世界上無數電腦連接起來，它給孩子及家庭帶來一種全新的生活。

培養要點

反思是培養的重中之重，那麼怎樣進行反思呢？

① 多思考

做錯了題或寫錯了字，要自己主動思考，而不是急於去問老師、父母和同學正確答案。因為學習是一個悟的過程，而悟是別人替代不了的。

做完了作業，自己檢查，自己反思總結。

② 多複習

讀書學習有一個把書變薄再變厚的過程，即讀完厚厚的書或學完長長的課，經過反思會悟出最緊要的東西，這就是把書由厚變薄。抓住最緊要的東西，加以聯想、引伸、昇華，薄薄的東西便逐步加厚，又成為一本厚書。但是，這已經不是原來的書，而是學習者個人獨造的書。

③ 多動筆

俗話説，好記性不如爛筆頭。

由於寫作比講話往往更深刻更理性更嚴謹，多動筆便成為反思的基本方法之一。譬如，寫日記、寫讀書筆記等方法，值得大力提倡，這對自己的成長有特殊意義。

青少年的成長過程是自我意識發展的過程，是個人與社會互動的過程，必定伴隨着酸甜苦辣，而這一些都需要自己去一一品味。因此，日記成了最知心而忠實的朋友。可以説，日記是人反思成長的最佳伴侶。

電腦和互聯網有如此大的作用和影響，那麼怎樣健康有效地利用互聯網呢？

8歲～11歲年齡段：處於這個年齡段時，已擁有較多的互聯網使用經驗。為了完成學校作業，需要查閱網上百科全書、下載有關資料和圖片。有時候也開始交網上筆友，與遠方的親戚、網路朋友通信。這個階段也是渴望獨立、形成價值觀念的關鍵時期。但是對於不良文化、誤導資訊和有害資訊等還缺乏必要的甄別能力，因此需要從父母那裡得到一些指導。例如：建立明確的使用規則；沒有父母的允許，不在網上訂購產品或發出有關自己及家庭的任何資訊；如果發現不尋常的資訊，要馬上告訴父母；與父母討論網上匿名等網路文化現象；控制上網的時間，放一個鬧鐘在身旁等。

12歲～14歲年齡段：這個年齡段處於在網上相當活躍的時期，學會了搜索大批感興趣的資訊資源，例如瀏覽大學圖書館、網上雜誌和報紙等，可以通過各種方式向權威人士提問，參與閒聊小組，與其他人分享經驗和興趣。這個階段要注意的問題是：要明確網路法律及規則以及上網的時間限制；盡可能和父母一起上網；設計一個上網計劃，並請求父母從旁監督；下載電子遊戲時，要避免暴力、色情類不健康的東西。

15歲～18歲年齡段：在這個階段，網路世界提供無限的資源。學會利用這些資源解決現實問題，如發現工作機會、選擇大學、學習外語等課程，發現新的有用的網址和結交新的朋友。雖然此時你已經進入互聯網路世界，但仍需要在網上探索，尋找更適合自己發展需要的資料和資訊源。這時可以試着幫助家裡解決一些問題，在網上找到解決問題的方法，如查詢網上購物資訊、確定旅遊路線等；還可以幫助身邊更小的孩子和其他不熟悉電腦和網路的同學使用電腦和互聯網路。

好習慣

自我評估

對反思的評估：

- 如果作業中出現了錯題，你首先是要自己思考，力求解決問題嗎？如果暫時實在不能解決，你寧願先放一下，還是去問老師、父母，或者同學？

- 做完作業後，你一般是立即合上作業本，做其他事情？還是先檢查一遍，確定無誤後，再開始做其他事情？

- 看書的過程中，你覺得只要理解知識的要點，明白例題是怎麼解決的就行了嗎？

- 你會在看書的過程中，聯想起以前學習的內容和自己的相關經歷嗎？

- 你常常總結和歸納學過的知識和做過的習題、作業嗎？

- 你經常寫讀書筆記嗎？

- 你經常把自己平時的心得和"靈感"記錄下來並加以整理嗎？

- 你有寫日記表達自己的思想、觀念，記錄自己的得失、表達自己的心情和情緒的習慣嗎？

應用電腦和互聯網的評估：

- 你會用電腦處理普通的文檔嗎？比如記日記、寫通知、寫作等。

- 你會用電腦製作圖形圖像嗎？

- 你會運用電腦裡的統計工具做一些簡單的日常工作嗎？比如記錄自己的收支狀況，幫助老師統計考試成績等。

- 你會用電腦閱讀電子文檔、聽音樂、看電影、看多媒體光盤嗎？

- 你能夠運用互聯網搜索一些有用的材料嗎？比如電影、多媒體材料、學習資料、電子書等。

- 你會用互聯網幫助自己解決問題嗎？比如查找家庭出遊路線，諮詢身體健康狀況，尋找購物資訊等。

- 你能通過互聯網瞭解一些社會資訊嗎？比如熱點新聞、喜歡的大學及專業的具體情況等。

● 你能控制自己上互聯網的時間和規律嗎？

● 你經常上網玩遊戲以至於忘記時間，甚至為此與父母關係緊張嗎？

● 你願意讓父母瞭解自己的上網情況，甚至與父母一起上網，接受他們的監督嗎？

● 你會在網上交朋友嗎？會與別人聊天，解答自己的疑問嗎？

● 你訪問過暴力、色情類的內容不健康的網站嗎？對這些網站你持什麼樣的態度？

好習慣

糾正

一、厭學

所謂 "知之者不如好之者，好之者不如樂之者"。但是對於很多人而言，不論學習成績不好的，還是學習成績好的，學習都帶有濃厚的 "苦學" 色彩，都怕學、厭學。可見 "苦學"，並非取決於學習成績。真正 "樂學" 的人又 "樂" 在哪裡呢？

"厭學"，是指學習者在學習過程中，由於內在動力原因，或許在因素影響，對學習活動失去興趣和熱情而不願繼續。

調查發現，"厭學" 和 "樂學" 的人最大的區別，在於對待學習的心態。

"厭學" 的人，多數把學習當成一件父母、老師要求做的苦差事來看待，把知識僅僅作為為了通過考試和獲得高分而必須掌握的，因此學習的時候往往很不投入、很不情願，不注意總結經驗、不注意擴展，被教學拖着往前走，非常被動，學習效率常常比較低、效果比較差。所以“厭學”的人即使在中小學的階段，由於各種學習要求和壓力下被迫努力取得的學習成績還不錯，但是一旦沒有了要求，常常會放棄學習，不再努力，變得頹廢墮落。

“樂學”的人，並不把學習成績看得很重，他們主動去尋找任何有意義的書籍、報刊、雜誌等，從生活的方方面面去收集資訊，充實自己；他們一旦開始學習，就非常投入，很少分心；對發現的問題喜歡追根究底，弄清來龍去脈；對學到的知識，喜歡舉一反三地運用，與實際生活聯繫起來；他們把學習當成自己的事，不需要老師和家長的提醒，合理地規劃和安排自己的學習和生活。可以說，對“樂學”的人而言，學習是理解生活、理解社會、理解自然的方法，通過學習解決遇到的各種各樣的疑難和問題，從而獲得成就感、成功感。

簡而言之，“厭學”的人對待學習的心態是消極、被動的；而“樂學”的人對待學習的心態是積極、主動的，學習獲得的知識使他獲得滿足和成就感，而成就感又促使他想獲得更多的知識，進而取得更多的成就。所以，“厭學”的人常常陷入學習的惡性循環，而“樂學”的人則能進入學習的良性循環。

克服要點
① 積極的心態，是治癒厭學的首要法寶

麥琪是學期中間被調到這個學校的，校長要她當4年級B班的班主任。他說這個班級的學生很“特別”。

第一天走進教室，麥琪先被嚇了一跳：橫飛的紙團、架在桌子上的腳、震耳欲聾的吵鬧聲……整個教室活像混亂的戰場。麥琪翻開講台上的點名冊，看到上面記錄着20個學生的ＩＱ（智商）分數：140、141、160……在美國，學生入小學都要測試智商，按智商分快慢班。正常人的智商在130左右。麥琪恍然大悟，噢！怪不得他們這麼有精神，原來小傢伙們個個都是天才！麥琪為能接手這麼高素質的班級而暗自慶幸。

剛開始，麥琪發現很多學生不交作業，即使交上來的也是潦草不堪，錯誤百出。麥

琪找孩子們單獨談話。"憑你的高智商，沒有理由不取得一流的成績，你要把潛力發掘出來。"她對每個學生這樣說。

整個學期裡，麥琪不斷提醒同學們，不要浪費他們的聰明才智和特殊天賦。漸漸地，孩子們變得勤奮好學，他們的作業準確而富有創造力。

學期結束時，校長把麥琪請到辦公室。"你對這些孩子施了什麼魔法？"他激動地問，"他們統考的成績竟然比普通班的學生還好！"

"那很自然啊！他們的智商本來就比普通班學生要高呀，您不是也說他們很特殊嗎？"麥琪不解地問。

"我當時說B班學生特殊，是因為他們有的患情緒紊亂症，有的智商低下，需要特殊照顧。"

"那他們的ＩＱ分數為什麼這麼高？"麥琪從文件夾裡翻出點名冊，遞給校長。

"哦，你搞錯了，這一欄是他們在體育場儲物箱的號碼。"原來這個學校的點名冊，在一般學校標智商分數的地方，注的是儲物箱號碼。

麥琪聽了，先是一愣，但隨即笑道："如果一個人相信自己是天才，他就會成為天才。下學期，我還要把B班當天才班來教！"

事實證明，很多學生的厭學來源於老師的態度，被老師放棄的孩子容易厭學，而同樣一群孩子，老師換成積極的態度，他們或許會有截然不同的表現。這一切發生的根本原因，還是在心態是積極還是消極上。知道這一點之後，你就會明白，克服老師的態度的影響，而使自己保持積極的心態，對於自己的學習是多麼重要。

② 克服自卑心理

除了心態消極外，自卑也是導致厭學的重要原因。我們常常看到有些學生，因為考試成績不好，受到來自家長、老師的冷眼，甚至是譏諷嘲笑等。其實，成績不好的學生，很少是因為他們的學習能力有缺陷，更多地是因為他們對學習的認識還有不足。如果他們受的冷眼多了，譏諷嘲笑多了，慢慢就會積累成自卑，反而表現得更像是學習能力不足。但是只要得到公正的對待，只要喚醒他們的勇氣，他們依然可以獲得突破，取得好的成績。

③ 對於那些被認為"不可救藥"的人來說，知恥而後勇是戰勝厭學獲得成功的關鍵

有些人從小淘氣，喜歡搞亂，惹麻煩。剛開始，大家不過說他淘氣，但隨着時間的推移，當他惹的亂子越來越大，人們就開始"嫌惡"他，甚至唯恐避之不及了。這樣的人真的已經無可救藥了嗎？真的就不能喚醒心靈的智慧了嗎？答案是否定的。對這些人來說，與其去討論他是否還有可挽救，不如去討論他對自己的責任知道多少更有價值。越是搞亂的孩子，其實越缺乏對社會責任感的認識和認同。一旦他們能夠覺醒，發現自己的責任所在，開始認識到自己應該做什麼，這樣的人一樣可以成功，而且可以獲得巨大的成功。

自我評估

● 你是否因為某門課的老師經常批評你，就開始討厭上這個老師的課？繼而甚至根本不願意看這門課的任何材料，包括課本、習題，不願意做這門課的作業？

● 你是否因為某門課的成績一直都不理想，而覺得自己可能天生不是學這門課的料？

● 你是否在周圍多數人眼裡都是個調皮搗蛋的孩子？如果是的話，你是否因此更不願意學習，而是想方設法地想些花樣玩，甚至學着抽煙喝酒，故意扮"酷"給別人看？

● 你是否覺得某個老師特別討厭，因而上他的課的時候總是不自覺地走神？

● 你是否總喜歡在某個不太喜歡的老師的課上玩些花樣，故意攪得他上不好課？

二、馬虎

馬虎，就是做事情粗心大意，常常丟三落四，並因此把能做好的事情做得一塌糊

133

塗，能做正確的題目做錯了。"馬虎"這個詞的由來，就是一個笑話：

傳說在宋朝，京城開封有一個畫家，此人畫畫很不認真，粗心得很。有一天，他畫老虎，剛畫完一個虎頭，就聽一個人說，請給我畫一匹馬，於是他就在虎頭下畫了個馬身子。那人說："你畫的是馬還是老虎？"這位畫家說："管他呢，馬馬虎虎吧。""馬虎"這個詞就這麼出現了。那位請他畫馬的人生氣地說："這麼湊合哪行，我不要了。"於是生氣地轉身走了。

可畫家卻不在意，還把這張畫掛在自己家的牆上了。他的大兒子問："您畫的是什麼？"他漫不經心地回答："是老虎。"二兒子問他："您畫的是什麼？"他卻隨口說："是馬。"兒子們沒見過真老虎、真馬，於是信以為真，並牢牢地記在腦子裡。

有一天，大兒子到城外打獵，遇見一匹好馬，誤以為是老虎，上去一箭就把它射死了，畫家只好給馬的主人賠償損失。他的二兒子在野外碰上了老虎，可卻以為是馬，迎過去要騎它，結果被老虎咬死了。畫家痛心極了，痛恨自己辦事不認真，太馬虎，生氣地把那幅虎頭馬身子的畫給燒了。為了讓後人吸取教訓，他沉痛地寫了一首打油詩："馬虎圖，馬虎圖，似馬又似虎。大兒仿圖射死了馬，二兒仿圖餵了虎。草堂焚毀馬虎圖，奉勸諸君莫學吾。"

故事看似荒唐，但是其內在的道理卻是深刻的。在一些關鍵時候，馬虎還可能造成不必要的損失。

馬虎的原因是多方面的，要克服馬虎的壞習慣，首先要找到孩子的原因。一般來說，馬虎有以下幾個原因：

第一，態度問題。態度不認真，對學習缺乏責任心，敷衍了事，因而理解知識時囫圇吞棗，做作業時敷衍塞責，馬馬虎虎湊合著做完得了。

第二，性格問題。急脾氣，幹什麼事都心急，急急忙忙難免出錯。

第三，熟練程度上的問題。因為對所做的功課不熟練，顧此失彼，出現錯誤。研究表明，對習題特別生疏不易馬虎，因為還不會，特別小心仔細。對習題非常熟練也不易馬虎，熟到不假思索就能寫對，也不馬虎，很少有把自己的名字寫錯的，就是因為太熟了，馬虎不了。只有半生不熟才容易出現馬虎的現象，看着這題一點都不難，可實際上自己又掌握得不是特別好，思想上麻痹，出了錯。

第四，習慣問題。馬虎已成習慣，幹什麼事都毛手毛腳，馬馬虎虎。

第五，考試焦慮問題。有些人因對考試的心理負擔過重，過分緊張，平時做題沒問題，一考試就錯，這是考試焦慮造成的。

針對不同情況，要分別採取不同的措施。如果自己是態度不認真，應主要解決態度問題，充分認識馬虎的危害，改變不認真的態度；如果是性格急躁，要訓練性格，改變急躁的性格；如果是對知識不熟練，應多加練習，使自己能熟練地掌握知識；如果是對考試焦慮，應減輕心理負擔，不要把分數看得太重，心理負擔輕了就不會那麼緊張了；如果是習慣不好，應校正自己的不良習慣，培養嚴肅認真的好習慣。

克服要點

① 認識馬虎的危害性

有些人對馬虎的危害沒有清醒的認識，認為馬虎沒關係，雖然錯了，可不是我不會。有的家長對孩子馬虎也不重視，認為只要孩子聰明就行，馬虎點沒關係。這是要不得的，我們應該認識到馬虎的危害。

② 學會自檢

檢查方法有正向檢查法、反向檢查法和重做法。正向檢查法是從審題開始，一步一步地檢查，看原題是否看準了，有無錯誤理解；題目中已知條件是否都用上了，運用的概念、公式是否準確，格式是否標準等等。反向檢查法是從答案往回用相反的計算驗算。如，加法用減法驗算，乘法用除法驗算，方程用代入法驗算等等。重做法，是把題目迅速重做一遍，看看兩次結果是否一樣。如果不一樣，就對比一下，分析錯誤在哪一步，是什麼原因，然後更正過來。檢查時要根據不同的題目採取不同的方法，經常自我檢查，就會熟練地掌握住檢查的方法，到考試時也能應用自如。

③ 整理錯題集

由於馬虎，經常出錯，但對錯誤又不認真分析，很難吸取教訓。很多人改錯題時，並不是找錯在哪裡，是什麼原因錯的，只是把錯題從頭到尾再做一遍，蒙對了完事，這樣改錯題實效不大。整理錯題集的方法如下：

把所有的作業、練習、考試中的錯題原封不動地抄在《錯題集》上，留下"錯誤檔案"；認真檢查錯在什麼地方，並用紅色筆在錯誤下面畫上曲線；找出錯誤原因並寫出來，寫得要具體，是概念不清還是用錯公式，是沒弄懂題還是計算馬虎。馬虎錯的也不要只寫"馬虎"兩字，要寫清楚怎麼馬虎的，是把"＋"號抄成"－"號了，還是把"3"抄成"5"了，越具體越好。最後，改正錯誤，寫出正確答案。

④ 草稿紙不要太草

做數學題、寫作文或答題往往需要用草稿紙。大多數人對草稿紙往往不太認真，急急忙忙，寫得亂七八糟。可不少人的錯題往往就出在草稿上。由於草稿寫得亂，往往一不留神計算出了問題，或草稿過亂，往作業、考卷上抄時抄錯了。因此，管理好草稿紙是很重要的。

⑤ 認真審題，注意"埋伏"

不少人學習成績不好，其實並不是不會，而是粗心。有的人就大量做題，以為題做多了就能熟練，就會克服粗心的毛病。可是題做得越多，錯誤也越多，馬虎的問題不但沒解決，反而更嚴重。要解決粗心的問題，主要不在做題，而在審題。審題要審三遍：

第一遍，把題讀懂，看看這題問的是什麼，給了什麼條件。

第二遍，要站在老師的角度看題，想一想老師為什麼出這道題，這道題是考什麼的，心裡有數了，遇到可能出現的問題也就仔細了，這是克服粗心的好辦法。

第三遍，要看看這題裡有什麼"埋伏"。教師出題往往出學生容易錯的、容易混淆的，也就是說在題裡打了"埋伏"，這個"埋伏"對於粗心的孩子來說是大敵。如果我們每次做題都能仔細審題，看看可能有什麼"埋伏"，就不會"上當"了。認真審題還有一個好處，就是使自己先靜下心來，克服急躁情緒。粗心的人拿到題，不看也不想，三下五除二就算完，結果就可想而知了。

總之，學會認真審題，是克服粗心的好方法。

自我評估

● 你是否覺得馬虎是無所謂的，只要自己學會了知識就行了，至於做錯幾道題目沒什麼關係？

● 你覺得馬虎是只做錯一兩道題的事，還是事關自己對待事情認真的大問題？

● 你的草稿紙經常是歪歪扭扭地寫着各種各樣的算式，有時候寫滿了還要四處找較大的空地來算題嗎？

● 你覺得把錯題專門整理出來，是一件勞心費神的事，還是一件很有意義的事？

● 你檢查自己的作業的時候，如果有錯誤經常能夠檢查出來嗎？

● 你通常是怎麼檢查自己的作業的？還是從來都不檢查？

● 你做題的時候，往往是一拿到題目就急於動手做，還是喜歡先把題目分解開來，想清楚解題思路再動手做？

三、沒有目標

沒有目標的努力是沒有實際價值的，而沒有目標的指引，孩子的潛能是無法釋放的。所以激發孩子的學習潛能應當從目標的確定開始。

目標的根本意義是確定奮鬥的方向，而在實際的學習生活中，目標的意義就具體化為自我評價或者評價。

有效的目標不是最有價值的那個，而是最有可能實現的那個：

貝爾納是法國著名的作家，一生創作了大量的小說和劇本，在法國影劇史上佔有重要的地位，可以說是法國文學史上的里程碑人物。有一次，法國一家報紙進行了一次有獎智力競賽，其中有這樣一個題目：如果法國最大的博物館盧浮宮失火了，情況緊急，只允許搶救出一幅畫，請問你會搶哪一幅？結果在該報紙收到的成千上萬個回答中，貝爾納以最佳答案獲得該題的獎金，他的回答是："我搶救離出口最近的那幅畫！"

　　一個人有了目標，就有了動力，有了責任，有了勇氣。如果沒有追求的目標，就會變得無聊，孤獨甚至彷徨不知所措。

　　一個人沒有遠期目標，就會變得沒有氣勢，沒有中期目標，就會沒有精神，沒有短期目標，就會變得不勤。有人列出了這樣一個公式，就是：目標＝目標高度×達到的可能性，目標低了，不感興趣；目標高了，達到的可能性就小了，就會失去信心。

　　看着目標走，可以讓我們少走很多彎路：

　　有一個大人帶着一個小孩，在雪地裡走着。他們前面有一棵大樹。大人說："孩子，咱們來比賽好嗎？" "比什麼呢？" 孩子問。"看誰能夠先到達那棵大樹，而且要走出一條直線。" 孩子說："好！" 比賽開始了。大人向着大樹方向大步流星地走去。孩子則低着頭看着自己的腳尖，努力使自己每一步都是直的，過一會兒看看大樹，免得自己的方向不正確。等到孩子來到大樹下的時候，大人等在那裡，微笑着說："看看你的腳印，多麼曲折啊！" 孩子回頭一看，果然如此。他心裡充滿了疑惑，為什麼自己那麼小心，而且似乎每一步都是直的，還走出來了那麼多的曲折呢？

克服要點

　　怎樣的目標才是有效的呢？一個有效的目標必須是具體的、可以量化的、能夠實現的、注重效果的、有時間期限的。

　　對於目標來說，最重要的是管理和評估，通常而言，目標的設立有以下三種常見方法：

階梯法：

　　就是將目標細化為若干個階梯，並且使用明確的語言對不同階梯的內容進行描述，這樣每一個人在不同時間不同空間都能明確自己的現實位置以及下一個目標的狀態，一個一個逐級向上邁進，最終達到總的目標。

枝杈法：

樹幹代表大目標，每一個小樹枝代表小目標，葉子代表即時的目標，或者說是現在馬上要做的事情。

剝筍法：

實現目標的過程是由現在到將來，從低級到高級，由小目標到大目標，一步一步前進的。但是設定目標的方法則是與實現目標的方法相反，由將來到現在，由大目標到小目標，由高級到低級層層分解。

自我評估

● 你有長期、中期和近期的目標嗎？你常常給自己設定近期和中期目標嗎？你的長期目標經常改變嗎？

● 你的長期、中期和短期目標是怎樣確定的？你覺得自己定的合理嗎？為什麼？

● 你在做事情的過程中，如果比較直接的目標，比如"下次測驗英語提高5分"這樣的目標實現不了會怎麼樣？

● 你是否經常觀察自己的"競爭對手"？是否會因為一次考試考得不如對手好而有所反應？

● 對於前面提到的幾種分解目標的方法，你用過嗎？打算試試嗎？

● 如果有門功課你的成績老是不理想，而且也想過好多辦法，但都沒有多少效果，你會不會覺得自己不是學這門課的料？

● 對於自己的長期目標，只要沒有原則性的認識轉變，但是卻遇到了極大的困難，你還會堅持嗎？為什麼？

四、沒有計劃

　　計劃，就是對自己要做的事情、要達到的目標有具體的時間規定，有準備、有措施、有安排、有步驟。

　　做到有計劃，首先要成為時間的主人。著名生物學家赫胥黎曾經說過："時間最不偏私，給任何人都是一天二十四小時。時間也最偏私，給任何人都不是二十四小時。"魯迅先生說："時間，每天得到的都是24小時，可是一天的時間給勤勉的人帶來智慧和力量，給懶散的人只能留下一片悔恨。"究竟怎樣利用這24小時呢？不同的人會有不同的選擇。大凡有成就的科學家和偉人，都不會虛度年華，他們珍惜生命的每一分鐘。而不少人在日常生活的細節中，常常發現不了時間的存在，沒有時間的概念，他們眼中的半個小時不過是一段很短的時間，浪費一天也沒有什麼關係。

　　從宏觀的角度來看，對自己人生有計劃，並堅持執行計劃，才能獲得一生的成功，否則，只能是毫無目的的嘗試，做什麼都不會有成績；

　　從微觀的角度來看，計劃可以使自己的各種事情安排得比較合理、避免衝突、勞逸結合、相對鬆弛有度。學生的主要任務是學習。而學習要得心應手，就需要良好的計劃。計劃包括每天的時間安排、考試複習安排和雙休日、寒暑假安排。計劃要簡明，什麼時間幹什麼，達到什麼要求。

克服要點

① 要改變沒有計劃的習慣，就要形成時間的緊迫感，不能覺得還有明天

古代有一首十分著名的《明日歌》：

　　"明日復明日，明日何其多，我生待明日，萬事成蹉跎。世人若被明日累，春去秋來老將至，朝看水東流，暮看日西落。百年明日能幾何？請君聽我《明日歌》。"

　　時間不會留戀什麼，只會一去不返，分分秒秒不起眼，但是一旦過去了，就再也不會回來。

② 學會運用和把握時間，要學會制訂時間規劃

一個好的學習計劃，首先要保證睡眠。有了充足的睡眠，才能保證身體的正常發育，才能為學習提供充沛的精力和清醒的頭腦。無論如何，要保證小學生每天10個小時的睡眠時間，初中生9個小時的睡眠時間，高中生8個小時以上的睡眠時間。

在訂立計劃時，要確定每天的 "專門時間" 和 "自由時間" ，既規定 "學習時間" 和 "遊戲時間" ，也要留出一定的 "自由支配時間" ，所謂自由支配時間是指完全由自己自主進行選擇，做些自己感興趣的事情。這樣可以使自己的時間安排有些彈性，能夠適應突發重要事情的臨時需要。

③ 計劃一旦確定下來就要嚴格執行

計劃制訂完了，必須執行，不能放在一邊不管。計劃可以調整，但必須完成，有 "完成" 意識，不可輕易放棄。 "完成" 是一種意識， "完" 就是按照計劃在自己規定的時間內打上一個句號，善始善終，而 "成" 就是高質量高效率地做成功了，也就是努力追求 "幹得漂亮" ，我們通常所說的 "今日事，今日畢" ，實際上就是 "完成意識" 的集中體現。形成行為上的 "完成意識" ，則是學會運用計劃的一個重要能力。前面的計劃執行不好，很可能影響後面的事情，這樣一來，就很可能受到時間的懲罰，而且計劃本身也失去了意義。

④ 每天小結

"一日三省" 是很必要的環節。因為反省容易讓自己發現計劃的執行情況，是否有所遺漏，有何得失。所以，要養成睡前十分鐘做小結的習慣，小結內容包括 "今天完成了什麼？今天最有趣的事情是什麼？" "今天獲得的最大進步是什麼？" "今天在學習上幫助了誰？" 等等。

⑤ 訂計劃可以邀請父母提出指導性意見，加以督促

有時候由於對時間的安排還有模糊的地方，或者自己本身對一連串事情的時間需求量還不太清楚，這樣制訂的計劃，不見得十分合理。為了使自己的計劃更合理，可執行性更強，就需要向別人諮詢，尤其是向父母諮詢，請他們提出指導性意見。父母幫你制

訂計劃的時候也可以順便瞭解你的計劃和安排，這樣他們在安排其他的事情的時候，也可以根據事情的輕重緩急和你溝通，進行調整。如果你的自我監督能力還有些缺陷，那麼父母外來的監督也可以起到協助和提醒的作用。

自我評估

● 你做作業一般要花多長時間？是否會因為做別的事情干擾做作業，導致作業時間過長？

● 你常常會因為一件事情沒有做完，而另一件事情又開始催促，而覺得手忙腳亂嗎？

● 你每天都會總結自己的計劃執行情況嗎？

● 你制訂計劃的時候，如果有些不清楚的地方會向父母諮詢嗎？

● 你願意把自己的計劃告訴父母嗎？

● 你願意接受父母的簡單提醒嗎？

● 是否發生過因為一件事情的延遲，而導致自己很喜歡做的事情或者很重要的事情沒來得及做的情況？

● 你的時間計劃裡對睡眠、運動和娛樂是怎麼安排的？

● 你的時間計劃過分緊張嗎？過分鬆弛嗎？

● 你常常把本來應該當天完成的任務往後推遲嗎？

五、磨蹭

磨蹭，就是做事情總是不夠有效率，不及時，動作遲緩，節奏比較慢。

磨蹭的原因分析：

從主觀上看，主要有以下幾點：

學習目的不明確。問："為什麼要上學？"答曰："誰知道為什麼要上學，我媽非逼我上學不可。"學習這樣漫無目的，怎能有緊迫感，怎能抓緊時間呢？

學習興趣不濃。有的人只想玩不想學習，能湊合就湊合，實在逼得沒辦法了才快點，其他時間就任其消磨。

時間概念不清。有的人總感覺時間過得慢，所以不容易覺得緊張。

習慣問題。有的孩子已形成行為定勢，遇事能磨蹭就磨蹭，感覺不到這樣有什麼問題。

性格問題。慢性子的人也容易磨蹭。

從客觀上分析，主要有這樣一些原因：

缺乏應有的訓練。有的人磨蹭時，家長常常一味遷就，"孩子還小，讓他慢慢幹吧，別催他"，這樣使一部分人從小就被放任得多，要求得少。另外，還有的人放學後，在家裡沒有人管理，自己邊做作業邊玩也容易形成磨蹭的壞習慣。

學習負擔過重。有些人學習不好，家長就給其加碼，做完作業也不能玩，時間長了，就覺得做快了還給留，還不如邊做邊玩，把時間拉長點，磨蹭即由此產生。

克服要點
① 認識時間的價值

要認識到時間是世界上最寶貴的財富，它最長又最短，最多又最少，最快又最慢，最容易丟掉卻無法復得，它買不着，借不到，留不住，回不來，你要磨蹭它就會悄悄溜掉，只有珍惜它，要緊它，才會"延長"它。

成功者的一個共同特點就是珍惜時間。著名發明大王愛迪生一生獲得11093項發明專利，除了他聰明才智，還因他會搶時間，有時為了實驗，一夜只睡4個小時。居里夫人為了節約時間，不做飯，不上飯館，每天只在實驗室吃幾片麵包和牛油。達爾文説："我從來不認為半小時是微不足道的一段時間。"巴爾扎克説："時間是人的財富，全部財富。"魯迅先生則把別人喝咖啡的時間都用來學習和工作。

壞習慣

② 把作業當考試

考試是限時完成，完不成就強行收卷。不妨把寫作業當成"考試"，限時完成。要求自己每次作業不但要寫對，寫整齊，還要盡量縮短時間。

③ 發揮小鬧鐘的作用

借助鬧鐘也可以督促自己按時寫作業，一般說來，鬧鐘應上到限定完成作業時間的前十分鐘，鬧鈴響提醒自己注意寫作業的速度。小鬧鐘滴嗒滴嗒地響，容易產生緊迫感。

④ 節約時間好好玩

可以把對作業的定時管理變為定量管理，每天作業做完，剩餘時間就去專心玩，這叫"節約時間歸自己"。以此督促自己學有學的樣，玩有玩的樣，做到"專心地學，痛快地玩"。

⑤ 制訂嚴格的作息制度

制定一張作息時間表，是管理時間的好辦法。什麼時間起床，洗漱用多長時間，吃早點多長時間，放學回來哪段時間是複習時間，哪段時間是做作業的時間，哪段時間玩，都要合理安排。對時間管理越嚴越細，效率越高。還要學會利用時間的"邊角料"。比如，把背單詞、背公式放在零星時間做，騰出大塊時間做"大事"，整塊時間固然重要，片刻光陰也應珍惜。

自我評估

● 你學習的時候有緊迫感嗎？

● 你喜歡學習嗎？

● 你常常覺得時間過得快還是慢？

● 你覺得自己是個有效率的人嗎？還是個有點散漫的人？

● 你覺得做事情遲到幾分鐘是什麼性質的事情？例如上學遲到、開會遲到、赴約遲到等。

- 別人如果覺得你做得太慢而催你，你會抱怨嗎？
- 你會因為父母給自己佈置額外的學習任務，而故意放慢做作業的速度嗎？
- 你常常利用零碎時間，比如等車的時間來幹什麼？
- 你願意"學習的時候只考慮學習，玩的時候痛快地玩"嗎？
- 你有嚴格的作息時間表嗎？執行情況如何？

六、不專心

　　不專心，是指做事情的時候三心二意。有的人做作業的時候，還在想着自己星期六還要去和同學打球，有的人做着作業，還牽掛着自己喜歡的動畫片馬上要開演了，如此等等。

　　不專心的原因主要有：

　　身體原因。有些人學習不專心是由於身體原因。如蛀牙，皮膚搔癢，腸胃不適，感冒咳嗽或疲勞，困乏，飢餓等。由於身體不舒服，干擾了學習時的注意力，導致學習時無法專注於學習和內容。

　　心理原因。有些人由於心理壓力過重，自尊心受到傷害，心理不平衡，很難把精力專注於學習中。如受到諷刺、挖苦，受到不應有的干擾，與家長發生矛盾等等。

　　外界刺激干擾。如電視節目聲音過大或家中發生爭吵以及其他噪音等，這些與學習不相干的因素容易在大腦皮層建立新的興奮點，干擾注意力的集中。

　　學習內容不適當。所學內容過深或過淺，感到索然無味，同時又存在着另一個比較新異的注意物件，這樣注意力很容易分散。

　　學習負擔過重，厭煩學習。現在不少人學習負擔過重，整天如機器人一般，學個沒完，加之家長望子成龍心切，"教育過度"，讓他們參加各種學習班，輔導班，從而產生煩惱情緒也容易分心。

壞習慣

克服要點

① 必須要有做事專心的習慣

② 提高責任感

注意力具有指向性。因此，明確目的，任務，可提高注意力。任務明確，具體，就能提高注意。

要想提高課堂聽講的注意力，就要事先預習，帶着問題聽課，這節課講的主要內容是什麼，哪些是必須掌握的重點知識，哪些是難點，一定要認真聽，若能對這些問題都做到心中有數，聽課的目的就會更明確，任務也變得具體，這樣就能提高課上的注意力，取得較好的聽課效果。總之，任務越明確越能自覺控制注意力。

一個人對學習的專注程度，往往與有沒有責任感密切相關，越是對學習有責任感，他越能長時間集中注意地學習，即使在有干擾的情況下，也能抵制干擾，專心學習。

如果一個人對學習沒有責任感，一天一天的混日子，學習時就會心猿意馬，思想開小差，那一定學不好功課。

③ **難度適當，速度適宜，防止疲勞**

心理學家曾做過這樣一個實驗，將智力水平，學習成績大致相同的學生分成3組，讓他們按不同的時間閱讀同一篇文章。第一組用2分鐘時間讀完，第二組用6分鐘，第三組用10分鐘。讀完之後，讓他們把文章複述出來，結果，平均每個學生複述出來的內容的分數第一組是63，第二組是95，第三組是52，實驗結果表明，學習效果最好的是既不快又不慢的第二組。這說明速度與注意力有直接關係。

學習的速度是在學習時保持注意的重要條件，不宜過快，也不宜過慢。學習速度太快，對學的東西理解不深。貪多嚼不爛，結果鑽不進去，因而思想很容易開小差，學習速度太慢。思維不緊張，容易渙散，也影響注意效果。只有不快不慢最容易集中注意力。

④ **知識的難度和注意力也有關係，要難易適當**

學的東西太難，與過去掌握的知識毫無聯繫，無法理解，就容易犯困，當然很難集中注意。所學的東西也不能太易，學習的內容如果只是限於將過去的東西簡單重複，不需要花費什麼努力，注意力必然渙散。

⑤ 要給自己定規矩，約法三章

認識到了問題所在，就要給自己定規矩，通過約法三章，來嚴格要求自己。

自我評估
- 你做作業的時候，是否會 "開小差" ？比如想電視裡正在播什麼節目之類的？
- 你做作業的時候，一般能堅持做完一門功課，再起來走走嗎？還是能堅持完成所有作業？
- 你常常能靜下來讀書，超過一個小時嗎？
- 你學習的時候，每次的目標都很明確嗎？比如，做作業的時候，知道自己要花多少時間做完某門作業；預習功課的時候，知道自己要預習哪些問題等。
- 如果學的是自己不太喜歡的科目，你能堅持多長時間？
- 比較難的作業，你能一口氣做完嗎？
- 你覺得不能專心做事，是與一個人做事的責任感關係更大，還是與一個人的個性特徵關係更大？

第四部分

生活的習慣

培養
好 習 慣

堅持鍛煉身體

節約每一分錢

科學飲食

纠正
壞 習 慣

盲目攀比、炫耀

懶惰

不良衛生習慣

不良生活習慣

培養 好習慣

一、 堅持鍛煉身體

據研究結果表明，凡運動能力發展良好的兒童，其社會化的質量也好；相反，凡運動能力發展遲緩的兒童，其依賴性強，社會性也欠缺。

堅強的意志要從小就開始培養。而對於青少年來說，任何一項體育活動都要付出意志努力去克服比日常生活更多一些的困難。所以，很多教育家和科學家認為，體育活動是培養青少年有堅強的意志、勇敢、積極向上等良好品質的最佳手段。

堅持鍛煉身體應該包括以下幾個方面的內容：

① 培養運動的興趣

對於青少年來說，培養對體育的興趣是最主要的。在生理上處於生長發育和素質發展的敏感期，人的可塑性大，最容易接受成人的引導與訓練，所以，正是養成自覺鍛煉身體習慣的好時期。如果錯過了，隨着年齡的增長，由於受舊習慣的干擾，新習慣就難以形成。

康康是北京清華大學物理系的學生，這位身高1.80米，體格健壯、動作敏捷的男孩子，不僅學習成績優秀，而且擅長多種體育運動，得到學校各類球隊的青睞。康康的全面發展，得益於他從小就開始進行的體育鍛煉。

康康的父親、北大附中的康健教授這樣說的：

從孩子剛會走路到初中畢業10多年的時間，我每天都帶孩子進行1個小時的運動，從未間斷。經過多年的體育訓練，康康的體質明顯增強。尤其是到了青春期時，身體各個部位都發育得十分健壯，沒有像某些孩子那樣，纖細得如豆芽菜一樣。有的父母看到孩子進入了青春期，才意識到要給他又吃又補，但是體質並沒有根本的改善。其實，好的做法是，在孩子身體迅速發育之前就給予合理的營養，並進行充分運動鍛煉。

鍛煉的方法是培養孩子的體育愛好，但不是用培養專門人才的方法。因為過早地陷入某種專業化的訓練，有可能影響到孩子的整體協調能力的發展，如身高不足等。體育鍛煉重在參與，僅在家裡和孩子一對一的玩是不夠的，要經常去公共場所觀看他人的運動，讓孩子感受到運動給人帶來的活力，從中獲得薰陶與感染。

運動對智力有好處。康康花在學習上的時間比別的同學少，但是他的成績依舊名列前茅。究其原因，就是他精力旺盛，上課聽講專心，作業完成速度快。康康對待學習，也不是死盯着第一，對待成績和名次也不斤斤計較，即使偶爾考試不理想，他也不灰心喪氣，而是仍然充滿自信。

② 養成愛好體育鍛煉的生活方式

把體育鍛煉變成我們生活中不可或缺的一部分，帶給我們的好處是非常多的。

體育鍛煉能促進人的智力水平的發展。大腦思維的靈活與肢體的靈活性是相聯繫的，一個行為遲鈍的人是不會學習超群的。我們如果仔細觀察，在我們的同學中，有一些有學習問題的同學，他們的視覺跟蹤力差，閱讀計算時常常出現丟字、串列、看錯數，這和他們的眼肌控制能力差有關。而大腦對眼肌的控制，必須是在充分的活動中發

好
習慣

展。像一些有追蹤目標的運動和投擲類運動都對我們眼肌的發展有直接作用。還有注意力的問題，有很多人的注意力不能很好地集中，因為他們的內耳前庭發展不平衡，這導致他們處於情緒不安穩的狀態，嚴重影響了他們的上課聽講和作業。內耳前庭的發展，正是在奔跑和運動中實現的。

通過體育活動可以培養和塑造良好的個性心理。因為參加體育運動本身就必須克服困難，遵守競賽規則，制約和調控自己某些不利的個性品質。

體育可以增進快樂，調節情緒。如果我們經常進行體育活動，大腦會分泌出一種叫做內腓肽的物質，科學家稱之為快樂素，它能使人產生愉悅。

還有，適當的體育鍛煉可以促進血液循環，保障骨、腦細胞充分的營養，從而促進長高激素分泌及肌肉、韌帶和軟骨的生長。

③ 運動可以為我們的成長提供機會

運動中需要夥伴，我們在運動中還能學會與他人溝通和相處，成為一個善於與人溝通和相處的人，為我們以後的成長帶來很多意外的機會。因為現代社會，成功的機會就在於與人的相處中。

另外，如果我們在體育鍛煉中發現了我們真正熱愛並且想一生從事的行業，這何嘗就不是我們人生的機會呢？在體育史上，就有很多在小時候的體育鍛煉中發現自己的特殊才能而成為優秀運動員的人。

況且，身體是革命的本錢，健康的身體是一生中工作、學習的有力保障，有健康才有希望，健康是一切事業的基礎。

培養要點

① 從體育遊戲開始

體育遊戲是我們最主要的體育活動內容，也是我們最喜歡的活動。在遊戲中鍛煉身體素質，發展基本活動能力的同時，也能滿足我們青少年的心理和身體特點。

體育遊戲中有發展各種動作的遊戲，如“捉人”的遊戲，就能發展跑的動作；“運西瓜”的遊戲，就能發展拋接球的動作；“走鋼絲”的遊戲，就能發展平衡能力；“小猴摘桃”的遊戲，就能鍛煉跳躍能力；“小熊貓鑽山洞”的遊戲，就能發展鑽爬動作等等。

還有使用玩具的體育遊戲，使用玩具的遊戲，不僅使我們心情愉快，對運動產生熱情，而且能有目地發展我們的體能。玩具也常常是我們和其他小夥伴結識的好機會，在這之間產生的友誼也能使我們更加熱衷於運動。

皮球、繩、沙包等是我們喜歡的體育活動玩具。我們在操作這些玩具的同時，也能發展視覺、觸覺。在身體前後左右移動的過程中，我們能變得更靈活更敏捷，提高對空間和時間的知覺能力，也有利於增強我們的反應能力。

② 盡量做到活動多樣化

我們中間有很多人總是習慣於玩某一種遊戲或者是進行某一種單一的運動項目。特別是在剛學會某種運動之後，由於一時的興趣，會特別熱衷於這一種遊戲。但是這種運動習慣並不好。一來容易讓我們產生疲勞，二來不能鍛煉到我們身體的各個部位。

我們正處於生長發育的過程中，身體各部位未發育成熟，未定型，如果長時間只進行某一種運動的話，就容易造成某個相應的部位特別發達，這對於我們身體的整體協調發展是不利的。所以要多樣化，雙腿既要走、跑也要有蹲，身體有屈也要有展，兩臂有伸有振也要有舉，各種動作配合進行，才能促進身體的全面發展。

③ 鍛煉要經常，天天都需要

增強體質，提高身體各器官的生理機能，以及形成正確的動作技能，並不是偶爾活動活動就可以實現的，要通過經常反復地鍛煉，長期積累才能獲得。很多人也有鍛煉的想法，可就是無法長期堅持，三天打魚，兩天曬網，後來就不了了之。這樣，鍛煉身體的習慣當然無法養成。還有一些人，春暖花開和秋高氣爽的時候，他們還是可以堅持每天進行鍛煉，可是一到夏天太熱或是冬天太冷的時候，他們就停止了鍛煉，其實這種做法也是不可取的。雖然我們在春天和秋天進行的鍛煉是有效的，但是中間隔了夏天和冬天，取得的那一點成績就退回原地了。

好習慣

總之，正確的和行之有效的體育鍛煉很重要的一點就是經常鍛煉，最好是做到天天進行。

④ 循序漸進

有很多人剛開始進行體育鍛煉的時候，心態不是很好，恨不得一下子就達到專業運動員的水平。所以常常違背了體育鍛煉很重要的一條原則，那就是必須循序漸進。對於青少年來說更是如此。因為我們年齡小，肌肉嫩，耐力相比大人來說要差一些，心臟負荷相對來說也要小一些。所以，任何動作都應逐漸適應，慢慢掌握。每項活動量也要逐漸加大，而不要操之過急。當我們開始進行體育鍛煉時，強度不要太大，只要有些微汗，面部覺得有些發熱，動作協調，這個活動量就是合適的。

⑤ 按照年齡與身體特點進行運動運作的選擇

走、跑動作的變化：

變化路線——直線走、後退走、橫向走。

變化活動的方向——向前走、後退走、橫向走跑。

變化身體的重心——腳尖走、腳跟走、半蹲走、腳內側或外側走或跑、高抬腿、踢臀走或跑。

變化節奏走跑——快節奏、慢節奏、快慢交替走或跑。

變化動作的幅度——大步走跑、小步走跑、跨步走跑等等。

跳躍動作：

原地向上跳——跳起頂物（比如小布球等），跳起觸摸玩具等。

從高處向下跳——高度一般伴隨着我們的年齡變化而變化，從10到40厘米不等。

原地向四面跳——雙腳向前跳、向後跳，向側面跳。跳時，因為身體用力方向不一樣，可以培養我們隨機調節自己身體的能力。

連續跳——雙腳或單腳都可以做，一般有連續向前跳、連續向後跳、向左或向右跳等。我們也可以模仿小兔子跳或是小青蛙跳。

投擲動作：

我們平時玩的擲沙包就是一種很好的投擲運動。擲飛機的遊戲也可以。在體育課上，也有很多投擲運動，比如鉛球、鐵餅和標槍等。不過我們平時在進行這些運動項目的時候，一定把安全放在第一位，無論是自己的安全還是別人的安全都要考慮到。

發展平衡能力的動作：

平衡是人的基本活動能力之一，平衡能力會影響到我們參加各種活動，我們平時鍛煉自己的平衡能力的機會是很多的，比如平時走路的時候沿着馬路沿、台階沿等走。平時體育課上，也有很多發展平衡能力的項目，比如平衡木、跳木馬等。切記這些項目一定要在有專業人員指導的時候才可以做，因為危險性較高。

自我評估
- 你認為自己的身體很好，又還這麼年輕，根本就不需要進行體育鍛煉；
- 你一週之內運動的次數不超過三次，每次不超過一個小時；
- 你認為平時在學校有體育課，不需要再進行特別的鍛煉；
- 學習時間這麼緊，根本沒有時間進行體育鍛煉；
- 到目前為止，你還沒有喜歡的運動項目；
- 你總是在有空和心情很好的時候，偶爾進行一下體育鍛煉；
- 在春天和秋天的時候，你能堅持進行體育鍛煉，但是到了冬天和夏天，你認為氣候太不好了，夏天怕中暑，冬天流汗容易感冒，所以不鍛煉；
- 你覺得要麼就不要進行體育鍛煉，要麼就要利用專業的條件來進行專業的訓練，如果只是進行一些業餘的鍛煉，你覺得沒有必要，是浪費自己的時間。

二、節約每一分錢

節約是指自覺地、高效地使用金錢和物質財富，在傳統意義上，主要指量入而出，節省財物，增加積累。在今天，這樣的解釋仍然適用。我們認為，不管多麼富裕，節約都是必須的，隨着經濟收入的提高，人們可以吃得越來越好，穿得越來越美，用得越來越現代化，但絕不意味着我們可以隨便浪費糧食和各種物品，任何浪費都是對勞動的褻瀆，對人的尊嚴的褻瀆。節約是永遠不能丟棄的美德。

美學大師朱光潛説："有錢難買幼時貧。"父母盡一切所能為我們創造最好的生活條件，所以也造成了很多人不懂"節約"二字，只要求吃好的，穿好的，玩具越多越好，越高級越好。卻不懂得糧食、衣服和玩具等物來之不易，有的人隨便浪費糧食，不愛護衣物，對玩具隨意破壞，亂丟亂扔。

對於青少年來説，節約的內容主要包括如下幾點：

節約糧食、水電，不隨意浪費糧食；

愛惜玩具、文具、圖書、衣物及其他物品；

節制不合理的慾望，不該買的東西不買；

愛護公物，對損壞的公物懂得補修或學着修理。

培養要點

① 樹立正確的金錢觀

一要懂得金錢不是白來的。很多人不知道家長賺錢的辛苦，以為錢來得很容易，所以花起來也不心疼。在國外，很多孩子從中小學就開始打工掙學費。因為有了切實的勞動過程，他們對於錢的來之不易有切身的體會，花起錢來也就不會過於大手大腳。

二要懂得金錢不是萬能的，還有比金錢更重要的東西。金錢很重要，但不是最重要的。有錢可以買來財物，卻買不來精神和道德；有錢可以買來書本，卻買不來知識；有錢可以買來藥品，卻買不來健康；有錢可以買來化妝品，卻買不來自然美、心靈美；有錢可以僱人替你幹活，卻買不來自己的智力與能力；有錢可以拉攏別人，卻買不來真正的友誼……

三是不義之財不可取。我們一定要靠誠實的勞動去換取金錢，任何歪門邪道來的錢都不能要。對於青少年來說，只能花自己賺的錢或者是家長給的錢，決不能私自拿家裡的錢，更不能偷別人的錢。

② 花錢有節制，不要揮霍浪費

不妨在買某一件東西時間一問自己，這件東西是不是非買不可？如果答案是否定的，那麼我們就不要再買了。

另外，不要揮霍浪費。我們有很多人覺得錢是很重要的，不能隨便浪費，可是對於衣物、食品、玩具和文具等一些東西，就沒有節約的觀念了。鉛筆還有一大截就不要了；草稿紙上零零碎碎地畫了一點東西就扔了；不想吃的飯菜說倒就倒了；牛奶不愛喝就倒掉……這些行為都是巨大的浪費，同樣不利於我們形成節約的習慣。

③ 有科學消費的觀念

我們現在手上的壓歲錢和零用錢多了，更應該學會科學消費。

在家長和老師的指導下拿出一些錢來買書和雜誌等，而不要全是買吃的、穿的和玩的了。我們可以備一個小書架，一個月一本書、一本雜誌、一張報紙，日積月累，到了一定的時間，我們就會有一批相當可觀的藏書，這對於我們的一生都會有好處。

我們可以把省下來的零用錢用在支援災區重建上，也可以捐給慈善事業，幫助有需要的人。如果我們能用自己省下來的錢來捐獻，那更是高尚道德的表現。

在家長的指導下把錢省下來交學費、買書本，用於上學，這種消費不僅是為我們自己的進一步發展，也可以為家長省下一筆錢來，也算是為他們分憂。

手中有了錢，可不要一下子全花光。我們可以在父母的指導下節約，可以試着學習理財。儲蓄就是很好的方法之一。

④ 花錢有計劃

因為花錢沒有計劃和安排，很多人常常寅吃卯糧，到最後，才發現已經陷入了困境。對於青少年來說，也許這一點暫時還體現不出來，因為我們現在大多還是吃住在家裡，可是一旦我們離開了家，需要獨自面對這個問題的時候，以往花錢沒計劃的弊端就顯現出來了。

好習慣

以上是幾種有助於我們養成節約習慣的方法。只要我們真正按照這些方法來做，就一定會讓父母賺的錢在我們身上創造出更多的價值來。

自我評估

- 你是不是經常把不愛吃的菜扔在桌上？
- 對於已經舊了的衣服，你總是把它扔在櫃子底層，從來不穿它，然後又經常要求父母給買衣服；
- 看到別的同學有了高級的玩具和書包，你最起碼也要成為第二個擁有的人；
- 好朋友過生日，你一定會買很昂貴的禮物，因為你過生日的時候，也希望他們送這樣的禮物給你；
- 你從來沒有要把壓歲錢存在銀行的想法；
- 你拒絕了父母要用你的壓歲錢交學費的提議，你認為學費應該是父母拿錢出來交，而不是你；
- 如果學校提出要獻愛心，你就會回家找父母要錢，從來沒想過要動用自己的零用錢；
- 父母總是在每週一把一週的零用錢都給了你，但是奇怪的是，每次不到週三，你口袋裡的錢就沒有了；
- 因為家裡很有錢，所以你覺得賺錢其實是很容易的一件事。

三、科學飲食

所謂科學飲食，是指按照人體正常的發育發展需要來合理安排我們所要吃的食物和各種飲品，它包括食物的種類、品質和數量等方面。科學飲食是要使人們的身體既不能出現營養不足，也不能出現營養過剩，達到這兩點要求的飲食習慣，才算是科學的飲食。

科學飲食所包括的內容很多，主要有如下幾個方面：

① 食物種類全面

雜食可以保證營養物質的全面，使各種營養成分互相補充，發揮更高的營養效果。雜食還可以刺激消化系統，使各種消化功能保持旺盛。

挑食會減少食物中各種營養成分的互相促進作用，不利於食物營養作用的充分發揮。挑食還可能使我們產生一種特殊心理，養成對周圍事物挑剔的不良習慣，對青少年身心全面發展造成不良影響。

② 定時、定量進餐

為了有一個健康的身體，我們應該養成定時吃飯的習慣，訓練腸胃的活動，使它有一定的規律。這種習慣和規律的養成，對保持和增強胃腸活動的功能是大有好處的。腸胃最怕不定時吃飯。如果早一頓，晚一頓，有時胃長時間得不到食物，有時又一下子塞得滿滿的，日積月累，腸胃機能就會衰退。

③ 食物清淡少鹽

食鹽的主要成分是氯化鈉。鈉是維持人體滲透的主要物質，嚴重缺乏可發生心力衰竭、肺水腫和腦水腫，最終引起死亡。可見，食鹽是維持人體健康乃至生命不可缺少的物質。

但是，吃鹽太多，也會影響人體健康。國內外的研究均表明，吃鹽太多，高血壓、心血管病和腦血管病發病明顯增多，同時由於心腦血管病引起的死亡也較多。

世界衛生組織推薦的每人每日食鹽適宜攝入量為6克，為了確保健康和預防心腦血管病，應該大幅度控制食鹽攝入量。

人的口味更多的是習慣，嬰兒時期一般並不喜歡鹹味，以後口味習慣主要是隨着家庭和社會飲食習慣逐漸養成的。為了我們一生的身體健康，從現在起，就要養成吃清淡少鹽的飲食習慣。

好習慣

培養要點

① 要吃粗糧和多種食物

食物太過精細會造成脂肪和熱能過剩，同時又引起某些營養物質的缺乏。

為了健康，要注意多吃粗糧，雖然我們在家裡做飯的機會少，但是我們可以經常主動向父母提出建議，一旦發現父母在飲食安排上沒有做到這一點，也應該及時向他們提出來以利於改進。這不僅關係到我們自己的身體健康，對父母來說也是非常有利的。

② 早餐不可馬虎

很多人每天會把早餐省略掉，就是為了多睡一會兒。有人雖然也吃，但不過是隨便對付一下而已，根本沒有把早餐提到健康的高度來重視。

③ 堅持每天喝牛奶

人的骨骼停止生長之後，鈣化過程仍然會繼續進行，骨密度不斷增加。為了預防和減輕我們年老時骨質疏鬆，從現在起就最保證骨骼生長和鈣化年齡階段的膳食鈣供給。也就是說，作為青少年，我們要注意補充足夠的鈣。喝牛奶就是最好的方法之一。

④ 多吃蔬菜和水果

現在的青少年就已經有很多人便秘的毛病了，究其原因是動物性食品和精細糧食吃得多，而蔬菜水果類吃得不夠造成的。便秘對人體的危害不僅在於使人腹脹不適，不思飲食，以及總有欲便不便的痛苦感；還可使糞便中的有害物質過分吸收；腸道內有害細菌大量繁殖，損害身體。

⑤ 常吃豆類食品和豆製品

豆類中不僅含有豐富的蛋白質，還有豐富的鈣質。雖然吃魚、禽、蛋、肉可以滿足蛋白質的需要，但是，這些都是動物蛋白，而豆類中的蛋白質則為植物蛋白，動物性蛋白和植物性蛋白均勻攝入會更好。而且我們的日常飲食中鈣的攝取量還差很多，為了解決膳食鈣營養，最好天天喝牛奶和多吃豆類食品和豆製品。

⑥ 少喝含糖飲料，不喝咖啡和可樂

很多人愛喝果汁飲料，其實這是不好的習慣。因為果汁飲料中含有相當多的人工色素，過

量的人工色素進入人體，容易沉着在消化道黏膜上，引起食欲下降和消化不良，還會干擾體內多種酶的功能，對我們人體的新陳代謝和體格發育造成不良影響。並且，由於含糖量過高，我們容易從中獲得不少熱量，從而影響進食。長此以往，就會導致營養不良。

咖啡的主要成分為咖啡因。這與醫學上用作興奮劑的咖啡因為同一種物質。嗜飲咖啡對正在發育中的青少年來說是非常不利的。

可樂對正在生長發育的青少年來說，造成的危害與咖啡和含糖飲料是一樣的。

⑦ 不亂用保健品

父母為了讓孩子有更強健的體魄，更聰慧的頭腦，經常買一些所謂的兒童營養品來給孩子吃。所謂兒童營養品，可以理解為除膳食以外的兒童加工食品。其實，只要是做到了科學的飲食，那些所謂的保健品一般來說是不需要的。

自我評估
- 對於牛奶，你不能保證每天都能喝上一大杯，而且，經常是父母盯着的時候你乖乖喝，父母不注意你就不喝；
- 你經常是看見蔬菜（或肉）就頭痛；
- 你常常覺得豆腐太腥，所以一點也不吃；
- 媽媽做的菜如果太清淡，你就覺得不下飯，所以經常要媽媽把菜的味道做重一點；
- 你喜歡喝咖啡，覺得有助於提神，提高學習效率；
- 你不喜歡吃玉米和小米之類的食物，因為不爽口，所以媽媽每次做這樣的食物，你就只是象徵性地吃一點；
- 肯德基和麥當勞是你經常光顧的地方；
- 早餐對你來說，經常是可吃可不吃的；
- 你認為吃了水果就不用吃蔬菜了。

一、 盲目攀比、炫耀

　　所謂盲目攀比和炫耀就是在認識不清的情況下，不顧實際情況與別人進行比較，向人誇耀。這是當代青少年中比較常見的一種不良習慣。

　　每一個人都是消費者，為了生存，我們都需要錢。有了錢，才能夠買到我們所需要的東西。可是，我們經常感覺錢不夠用，這使我們感到沮喪，因而羨慕那些比我們更有錢的人。許多人認為幸福來自於錢，沒有錢就沒有幸福。特別對於青少年來說，對於經濟、錢的瞭解要比以往任何一個時代的同齡人都有更直接和更多的瞭解。我們越來越有自己的想法，有許多自己的物質需要，卻兩手空空沒有收入。

　　這是事實，我們不得不面對。我們有種種的需要，可是我們沒有相應的能力來滿足自己所有的需要。當二者出現矛盾時，有的青少年就以盲目攀比、炫耀來對待。

目前在我們中間存在着的盲目攀比、炫耀的不良習慣主要有如下一些：

① 盲目攀比、炫耀自己的穿戴

這一點在廣大青少年身上體現得更為明顯。很多青少年對於各種衣服的品牌說得頭頭是道。光知道還不算，同學之間比着看誰的衣服牌子更硬，誰的鞋子更貴。就拿學生穿得最多的運動服來說吧，現在已經有好多青少年開始有品牌意識了，不是名牌不穿，不是當紅的名星作代言人的品牌衣服不穿。

② 盲目攀比和炫耀自己的日常用品

對於青少年來說，可能會將攀比的行為延伸到自己日常所用的物品。比如書包、文具盒、鋼筆甚至小到橡皮也要比較誰的更貴更高級。

③ 盲目攀比和炫耀生日派對的排場

對我們絕大多數青少年來說，舉行一個奢華隆重的生日派對已經變成了每一年的一個重要"節目"。很多人早就不滿足於那種只是家人或是最要好的朋友在一起簡單地祝福一下的生日了，而是想出了各種各樣的辦法相互攀比着過生日。

克服要點

① 試着去瞭解金錢的實際意義與象徵意義

很多同學很少或者從來都沒有接觸過金錢，對於金錢的象徵意義與實際意義也就難以理解了。所以，如果要克服已經產生了的盲目攀比和炫耀的習慣，首先要在思想上明確金錢對我們的生活到底意味着什麼。

對於金錢的實際作用，我們有必要在生活的實踐中去進一步瞭解，而不是做一個只懂伸手向父母要錢的"小書生"。

首先我們需要懂得錢在生活中的交換價值。經常跟父母去市場走走，看看我們平時吃的一斤雞蛋需要多少錢，我們穿的一件衣服需要多少錢，家裡用的冰箱彩電需要父母多少天的辛苦工作才能掙到那麼多錢買回來。有了這些直觀的瞭解，我們就會對錢有一個起碼的概念，也就不會再以為一塊橡皮是無所謂的，請同學過生日派對是無所謂的了。

壞習慣

② **瞭解和體會父母賺錢的辛苦**

很多同學之所以會不斷地要求父母買名牌，不停地和同學比着講排場，不能控制地去和別人攀比，向別人炫耀，很重要的一個原因就是並不知道父母賺錢的不易。他們以為父母的錢是很容易得來的，有的甚至根本就不知道父母的錢到底是從哪裡來的：

有一個小學高年級的學生和媽媽逛商店，看中了一個很昂貴的東西，於是要求媽媽給買下來，最後沒有辦法，媽媽只好對他說自己沒有錢，可是這個小學生說媽媽的錢包裡有錢，媽媽把錢包拿出來告訴他錢不夠，他馬上說那銀行有錢，當媽媽對他說銀行的錢不是自己家的時，這位同學怎麼也不肯相信媽媽的話。

如果我們深入生活，深入瞭解父母平時是如何辛苦工作的，深刻體會父母生活和工作的不易，我們對錢的使用就會有一個更合理的認識，也有助於我們克服把錢花在那沒有必要的盲目攀比和炫耀的壞習慣。

③ **克制我們的虛榮心**

造成我們盲目攀比和炫耀的一個重要原因就是虛榮心。虛榮心會導致我們去追求那些超過我們實際需要的東西，去追求一些華而不實的事物。比如名牌。克服虛榮心就是從思想上斬斷盲目攀比炫耀的根源，是十分必要的。

自我評估
- 你從來不穿沒牌子的大路貨；
- 你的文具一定要比班上大多數人的高級，一旦發現自己的太落伍了，就會要求父母買新的；
- 你從來不知道家裡的錢是怎麼來的，更不曾瞭解過父母的工作到底是什麼；
- 你認為自己的爸爸是大老闆，他的錢反正多得很，你認為自己怎麼用也不會用完的，所以你從來就"不求最好，但求最貴"；
- 你在買衣服的時候，總是要買那些最紅的明星代言的衣服，這樣才不至於落伍；

- 如果衣服是名牌的，鞋子就不能是沒有牌子的，就算是國內名牌也不行；
- 現在大街上到處都是耳朵上戴着MP3耳機的人，所以，雖然你用不上它，也一定要父母給買一個，不然你會怕別的同學笑話；
- 別的同學過生日，低於100塊錢的禮物你從來不送，因為那太掉價了；如果是你自己過生日，則一定要請要好的同學到高級飯店大吃一頓，不然自己太沒面子了。

二、 懶惰

教育家蘇霍姆林斯基説：“在我們的時代，物質福利不斷湧進童年、少年、青年的生活，以致出現這樣一種危險：兒童和開拓進取少年可能失去了這些物質福利是由勞動創造出來的觀念，甚至不知道它們是從哪兒來的。現在的一個非常複雜的教育學和社會學的問題就是要在兒童、少年、青年身上培養對待物質福利的態度。” 這個問題也是我們當代的青少年要面臨的一個題。集中體現就在一個懶惰的問題上。

一個人的懶惰，主要表現在如下幾個方面。

① 完全不做或懶於做家務

我們終究是要離開父母獨立生活的，現在多做一些家務勞動，培養生活自理能力，將來獨立生活的能力就強。雖然將來很多的家務勞動都社會化了，卻仍有很多事情必須親自料理，因此我們要有意識地培養生活自理能力。很多人長到十幾歲了，連鍋碗瓢盆都還沒有碰過，基本的生活知識也沒有，基本的勞動常識也不懂，一旦需要獨立生活，就會處處碰壁。

② 自己能做的事不做

有些懶惰的孩子明明是自己能做的事，卻找各種各樣理由不去做。他們最大的理由就是那不是屬於自己的事情。比如，為花園裡的小樹小花鬆土施肥，很多人就認為那是園丁的事，或是父母的事，又不是自己養的花，所以這樣的事他們也就懶得去做。有的事雖然是自己能做的，也與自己有關，可是他們都指望父母來做，所以也懶得動手。比如家裡的衛生也是每個家庭成員都能做的事，就算青少年能做的有限，可是抹桌子，洗洗茶杯什麼的，還是可以做的。但是懶惰的人就不做，他認為反正有父母做。

③ 自己該做的事不做

很多的青少年因為過於依賴父母，所以養成了懶惰的習慣，其中一個重要的表現就是本來應該是自己做的事卻不做，把它推給別人。

比如，我們之中的好多同齡人別說做飯洗衣服了，連飯前飯後擦桌子，幫助父母端端盤子也不做，就等在那裡等着吃現成的；還有的人直到要換衣服，才會叫家長把衣服送到自己面前來，根本不知道事前把自己要穿的衣服準備好，自己平時換下來的衣服也不知道要放到衣簍裡，扔得到處都是。

再比如在學習上，文具扔得滿桌都是，等到要用的時候，就急着讓父母來幫助找；書包從來不自己整理，常使得該帶的書忘了帶；更有甚者，明明應該是自己要完成的作業，卻非要父母幫着來完成，最常見的就是手工作業。

④ 大事做不來，小事不願做

很多青少年總以為自己還小，太大的事情做不來，太小的事情又覺得沒必要做，況且那些小事有父母做就可以了。

比如很多青少年就認為做飯是一件複雜的事，他們也做不來，同時又認為像洗襪子這樣的小事，本來一直是媽媽在做，自己就沒有必要多此一舉了。這樣下來，最後就成了大事做不來，小事不願做，當然會變成大事小事全不會做也不願做的懶蟲了。

過於懶惰的危害

一個人過於懶惰，那麼無論他的理想有多麼偉大，都不可能實現，因為懶惰的人是很難以把理想付諸行動的。而且，一個人如果養成了懶惰的習慣，會給他的成長帶來不可忽略的其他問題，這些問題的存在，會讓一個人的成功阻礙重重。

克服要點

① 從力所能及的家務勞動開始

不同年齡階段的中小學生可以做的家務勞動有所不同，我們可以對照着來督促自己：

如果是一個學前的孩子，可以在生活中試着做一做下面的這些事：穿衣、扣鈕扣、繫鞋帶；刷牙、洗臉；學會擺放筷子，替家長取小物件；學會洗手絹等。

如果是一個低年級的孩子，可以在以上基礎上試着來做下面這些事情：穿衣服、繫鞋帶；洗手、洗臉、洗腳、疊被子、洗手絹、洗襪子；整理圖書和玩具；擦桌子、掃地。

如果是一個小學中年級的學生，那麼可以做的事就更多了：洗小件衣服、收拾屋子、倒垃圾；釘鈕扣、包書皮；幫家長買菜、摘菜、洗菜。

如果是一個小學高年級的學生，下面的這些事應該都可以做：佈置房間、縫補衣服、洗衣服、刷鞋；使用簡單的工具，如鉗子、錘子、剪子，斧子、鐵鍬；幫助家裡買米、麵，會做簡單的飯菜；會澆水、鬆土、施肥等；打掃樓道、院子；積極參加學校組織的勞動。

如果是一個中學生，就可以試着在更高層次上努力：設計、佈置房間；和家長一起管理財務；學會全部家務，能洗、縫、做飯、做菜，會使用家用電器、會擦洗、修理自行車等簡單的機械物品。

② 該自己做的事情，不要推給別人

比如收拾自己的圖書和玩具，削鉛筆、整理書包、做值日。對於大孩子來說比如收拾自己的屋了、洗自己的衣服和鞋子。一個人在家的時候解決自己吃飯的問題等等。

③ 對於工作，不要挑肥揀瘦

很多人對於那些不得不做的工作，經常會撅嘴巴挑來揀去。不是覺得這個工作太難了，就是覺得那件事太簡單，最後就變成這個不想做，那個不願做了。如果我們真的要訓練自己克服懶惰的習慣，就一定不要在工作面前挑肥揀瘦。

壞習慣

④ 在學中做，在做中學，力求把每件事做到最好

無論我們是處於何種年齡段的人，對於每做一件新鮮的事情都會有一個學習的過程，並不是說，我是中學生了，我自然就一定會做飯了。所以，在最初的時候，我們要抱着學習的心態來面對每一項勞動，只有慢慢地學會了，才會漸漸得心應手。另外，在做中學的意思是，有些勞動我們在向父母學習的過程中學會了，可還是有必要在做的過程中再多想想，做同樣的工作，有沒有比現在的方法更簡便易行的？

⑤ 我們比想像中還要能幹

很多人在面對一項勞動任務的時候，經常是還沒開始做就覺得自己無法勝任，因為自己從來沒有做過。事實是很多工作並沒有我們想像的那麼難，因為我們比自己想像中要能幹。

⑥ 有勇於吃苦的精神

一個人所以會變得懶惰，大多是因為從思想或是精神就已經開始變懶了，因為精神上的懶惰，我們才變成身體上懶惰的人。所以，要有勇於吃苦的精神，不要給懶惰任何藉口：

在青島有一個女孩子名叫甘琦，這個女孩子外語學得特別好，她那個英語老師是個英國人，勸她說，你呀，有學習天分，你能不能到英國留學？我可以給你擔保。這個女孩子當然很願意，回家跟媽媽商量，她媽媽說："咱家沒錢，你要去就全靠你自己的獎學金。"她媽媽失業，爸爸身體又不好，哪裡有錢去呢？結果這孩子就考試，一考就考上了，獎學金也有了，後來就到了英國去留學。唸高三時，問題也來了，她的獎學金不夠了。這時，她爸爸也已經去世了，她媽媽生活得很困難，她不能向家裡要一分錢，怎麼辦呢？就去打工，打了好幾份工，每日東奔西走的，一下課就去打工，賺錢來上學。結果她的校長知道了這事，就把她找來，說："甘琦小姐，我知道你非常勤奮，你這麼出去打三份工，太辛苦了，我有一份工作給你，你如果願意做，打這一份工就夠你上學用了，但是我不知道你願不願意幹。"甘琦說："校長，我願意幹！您說吧，什麼活？"校長說："洗廁所，我們這個學校有好幾個廁所，需要一個人打掃，你願不願

意？"甘琦說："我願意，我一定打掃得非常乾淨！"於是，她每次一學習完就打掃廁所。她的同學好多來自貴族家庭，一看這個中國學生居然打掃廁所，瞧不起她，但是她自己非常自信。她說："我靠的是我的勞動賺錢，我是乾淨的，我是有尊嚴的。"結果，最讓她那些同學驚訝和不得不佩服的是，高中畢業的時候，甘琦考上了英國的劍橋大學。

自我評估

● 星期一的早晨，你又為起床感到費勁，你覺得這對你來說太困難了；

● 你的髒襪子已經堆不下了，可是你還是不想洗；

● 你從來沒有疊被子的習慣；

● 你想做點家務活，比如打掃一下自己的房間，可是你卻遲遲沒有行動，你總有各種各樣的原因不去做，諸如你學習太累，要看電視等；

● 你總是說要鍛煉身體，"我該跑步了……從下週一開始。"

● 學習太忙了，所以，你雖然已經是個中學生了，卻從來沒有洗過一次盤子；

● 你覺得能把皮鞋擦乾淨就不錯了，至於如何擦得又黑又亮，還不弄髒手你從來沒想過；

● 你從來不認為男孩子也應該做家務，就算要學習，那也是女孩子學習的內容；

● 修理電視的活兒我不會，所以不可能去做，可是拖地的事兒也太容易了，也沒必要去學。

三、不良衛生習慣

　　衛生習慣，既包括個人衛生習慣也包括公共衛生習慣。在個人衛生習慣方面，對於青少年來說，主要有勤洗手、早晚刷牙、不吃髒東西、不舔手指頭、經常洗頭洗澡、勤

壞習慣

換衣服鞋襪等。在公共衛生方面，主要有不隨地吐痰、不亂扔垃圾等。

① 不良個人衛生習慣

對於一個人來說，良好的衛生習慣是十分重要的，它能有力地保證人的身體健康。同時還體現出個人面貌，也包含了對他人的尊重。在日常生活中，如果與你說話的人一張嘴一口大黃牙，還外帶一股口臭，你肯定總是離得遠遠的；如果一個人一走近，你就聞到一股難聞的氣味，你也不會與他太親密；如果一個人的手指甲不僅長，而且裡面總是黑黑的，你也不會樂意從他手中接過東西。

個人衛生雖然是個人的事，但是，如果不能做到乾乾淨淨，也會成為人際交往的障礙，原因很簡單，沒有人願意與一個總是很邋遢的人交往。

② 不良公共衛生習慣

一是亂扔垃圾。有些人在自己家裡倒是從來不亂扔垃圾，可是一到公共場所，就不顧這些了，只圖自己方便，想扔什麼就扔什麼，想扔哪就扔哪。這其中的原因固然是因為家裡有父母隨時盯着，垃圾簍也就在手邊，但是最主要的恐怕仍然是因為家是自己的，而公共場所好像是與自己無關的。好多青少年平時在大街上亂扔廢紙和各種零食的包裝袋好像已經成了習慣。可是我們有沒有看到環保工人的辛苦和路人對我們不滿的目光？在別人眼裡，我們這種表現充分說明我們是一個沒有良好公共衛生習慣的人。

二是隨地吐痰。有的人經常不顧地點，只要是喉頭有痰一定會一吐為快，經常讓旁邊的人難忍噁心之感。

養成良好的衛生習慣，需要做到以下幾點：

① 常洗手

俗話說："飯前不洗手，病菌易入口。"

好多青少年還有一個壞毛病，那就是喜歡翻書的時候用舌頭舔手指。這個習慣也不好，等於當了病菌的"義務運輸員"，把書上和手指上的病菌一齊送到了舌頭上。

另外，還要經常修剪指甲。因為指甲縫裡會藏有很多病菌，所以修剪了指甲之後還要仔細地洗指甲縫。

② 早晚刷牙

③ 生吃瓜果要洗淨

長在地裡的蔬菜和瓜果大多需要施用肥料，包括化肥和糞肥才能生長得好，所以，蔬菜和瓜果上都沾有不少病菌和病毒。長在樹上的水果雖然沒有施過糞便，但是，摘下來以後，在保管、運輸和買賣的過程中，要經過許多人的手，也會弄髒。有時瓜果腐爛了，招來蒼蠅，就會沾上許多病毒。有的蔬菜和瓜果還噴過農藥，也許毒性不大，但洗不乾淨，進入人體，也沒有好處。所以，生吃蔬菜和瓜果一定要用涼水先泡十分鐘左右，把沾在上面的農藥泡掉以後，用涼開水沖洗乾淨就可以吃了。

④ 不吮手指頭

因為年齡和認識的關係，有的青少年對於吮手指頭的危害並不十分明白，雖然家長也常對他們說手髒，上面有病菌，但是因為細菌是肉眼看不見的，所以，他們對細菌也缺乏相應的感受。可是對於吮手指頭的危害一定要有清楚的認識，可以在父母的幫助下，用顯微鏡來觀察一下自己的手指頭，只要看到了手上的那些可怕的病菌原來是真的存在的話，以後只要一想吮手指頭就會想起這個場景，這個壞習慣也就會慢慢改掉了。

⑤ 勤換衣服與鞋襪

很多同學因為每天早上匆匆忙忙，常常來不及去衣櫃找乾淨的衣服與襪子來換，只好就這麼匆匆地出門。要改掉這個壞習慣，首先一定要讓我們的衣櫃整齊，各種衣服疊放好，這樣要找的時候，也好找。其次，前一天晚上把第二天要換的衣服襪子先拿出來放在床頭，第二天順手就可以拿了。再次，鞋子要常常擦洗，在條件允許的條件下多備幾雙，起碼有兩雙輪換着穿，每次把換卜來的鞋都放在陽光下曬曬，有助於殺菌和消除怪味。

⑥ 不隨地吐痰和亂扔垃圾

有痰在喉確實是不舒服，但是決不可以隨時隨地亂吐。如果附近沒有垃圾筒，一定要用厚紙巾包好，等到看見垃圾筒才可以扔進去；對於垃圾也是一樣，如果一時找不到可以扔垃圾的地方，也可以先放在衣兜裡。其實對於這兩種情況，我們最好養成每天出門帶一個塑膠袋的習慣，這樣無論是什麼情況，都能做到以不變應萬變了。

> **自我評估**
> ● 你一向認為，晚上刷牙不必要，因為早上刷過了；
> ● 生的瓜果放在冰箱，溫度很低，不會有細菌，所以不需要再去仔細洗；
> ● 你每天放學回家第一件事就是找吃的，因為餓壞了；
> ● 你喜歡留長指甲，因為好看；
> ● 內衣你會天天換，可是認為外套就沒必要勤換洗了；
> ● 夏天應該勤洗頭洗澡，冬天就沒必要了；
> ● 你的球鞋總是穿一個星期才換另外一雙穿，因為洗太麻煩了；
> ● 反正總是有清潔工人，所以偶爾亂扔一點垃圾也沒什麼，他們馬上就會打掃乾淨的；
> ● 吃飯又不是用手抓，所以飯前洗手是多餘的。

四、不良生活習慣

中小學時期正是青少年形成各種良好習慣的關鍵時期，其中有很大一部分就是形成良好的生活習慣。可是，在我們的現實生活中，有很多人好的生活習慣還沒有形成，不良的生活習慣倒已經有了一大堆。青少年比較常見的不良生活習慣主要有如下一些：

① 晚上不肯睡，早上不願起

很多人到了晚上總是磨磨蹭蹭，不是纏着父母沒完沒了地講故事，就是抓着電視遙控器不放，要不就是不肯刷牙洗澡。總之是能拖就拖，能晚點睡就晚點睡。這樣結果自然是第二天起不了床。第二天起床的時間到了，可是沒睡醒，父母怎麼叫也起不來，好不容易被父母強拖起來，還會因為睡眠不足而鬧情緒。時間一長，不僅影響個人身體發育成長，也嚴重影響了學習，還讓父母為此煩心。

② 姿勢不正確

很多人的姿勢都存在着問題，最常見的就是寫字的姿勢。很多同學眼睛與作業本離得太近，腦袋偏着，作業本也斜得厲害。還有的同學坐勢也不正確。不是總喜歡用手撐着腦袋，就是趴在桌上聽講，這樣不僅顯得不專心，還嚴重地影響了脊椎的健康發育。還有一種常見的不良習慣，那就是走路的姿勢不正確，我們好多同學在走路時總是習慣性地埋着頭走路，似乎總在思考什麼問題，但是長時間地低頭走路這個壞習慣，與上面兩種不良習慣一樣，對脊椎發育也非常不利。

③ 吃飯時愛說笑打鬧

俗語說，食不言寢不語。這對我們的身體健康肯定是有益處。但是仍然有很多人並不懂得這一點，吃飯的時候不僅大聲說笑，甚至還會站起來追逐打鬧。要知道，吃飯時說笑打鬧，很容易讓口中的食物不小心岔入氣管，輕一點的引起劇烈咳嗽，嚴重的，一旦堵住了氣管，如不及時處理，會造成大腦缺氧，引起生命危險。

④ 不愛運動

生命在於運動。平時我們的大部分時間都是在課堂上坐着聽講，雖然有一些活動課，但是那遠遠不能滿足我們身體發育的需要。可是，好多青少年有不愛運動的不良生活習慣。平時上下學不是坐公交車，就是父母車接車送，連走路的機會都沒有。平時放了學，也不找時間和機會鍛煉鍛煉，做完了作業，不是呆在家裡看課外書，就是守着電視看動畫片。還有的人雙休日也把自己關在家裡，大門不出二門不邁的。長期下去，不僅身體素質不會好，變成肥胖兒童的可能性也會人人增加。

⑤ 女生愛穿高跟鞋

這一點尤其在中學女生中比較集中。中學生的身體正在發育生長，骨骼還很柔軟，有彈性，容易變形彎曲。因此，如果我們有穿高跟鞋的生活習慣，骨盆和足部容易變形。

此外，我們的足骨還沒有完全發育成熟。鞋的大小鬆緊都會影響足骨的生長。這時候穿高跟鞋，就會使趾骨和蹠骨由於重力過大而變粗，從而影響趾蹠關節的靈活，容易出現足痛、趾骨骨折和其他腳病。

⑥ 女生束胸緊腰的習慣

這也是一些中學女生身上會出現的一種不良生活習慣。女孩子到了十三、四歲，乳房開始發育了，這說明這個人身體健康，發育正常。可是有一部分女生覺得不好意思，總是想法子緊束胸部。這樣容易造成胸脯不能充分發育，變成細長的畸形，胸腔內的心、肺的發育和功能都會受到影響，肺通氣功能減弱，抵抗力下降，易引起肺病。束胸時壓迫乳房，使乳頭發育不良，乳腺管因受擠壓而不通，以後哺乳時易生奶瘡。

緊腰也是不良的生活習慣。到了中學，好多女生一味的追求細腰美，對自己的腰進行緊束。如果把腰束得太緊，腹腔內的內臟器官被擠壓在一起，血流不暢，久而久之，就會發生胃腸消化和吸收不良。

克服要點

① 保持正確的姿勢

脊椎不僅有頂梁柱的作用，還具有負重、活動、平衡和吸收震蕩的作用。椎體的裡面就是脊髓，周圍的神經系統很複雜，極其嬌貴，必須要認真地保護它，這也是我們為什麼要特別注意姿勢的原因。

如果我們的坐姿不正確，長時間彎曲脊椎，就會使脊椎變形，出現疼痛。

要使姿勢正確，對於青少年來說，主要要做到下面幾點：

正確的書寫姿勢。正確的寫字姿勢應該是做到“三個一”，即眼睛離桌面一尺遠，胸離桌子一拳遠，手離筆尖一寸遠。

正確的聽課姿勢。坐時應該腰板挺直，保持頭部端正，既不前傾，也不後仰；兩眼平視前方，既不偏左，也不偏右。

正確的站姿。站的時候，應該全身呈直立狀態，眼向前看，胸稍前挺，腹微後收，兩手下垂，足跟靠攏，足尖分開；從側面看，耳、肩、大粗隆（大腿上端突出的地方）三點在一個垂直線上，此線並能過膝關節的前方；從後面看，兩肩平衡，兩肩胛骨在脊柱的兩側相對稱。

正確的走姿。走路的時候，應該全身自然，步子的大小適度，兩臂前後擺，背要直，肩稍展開，頭部保持正直。

② 時間由自己掌握，後果由自己承擔

可以和父母協商，每天早晚的時間由我們自己掌握，如果自認為每天晚上晚睡也能早起，並且白天上課的精神也沒有受到影響，那麼晚睡也可以。如果晚上不肯早睡，早上又起不來，那麼由此引起的遲到或白天注意力不集中的結果，也應由自己承擔。

③ 吃飯注意力集中

一邊吃飯一邊大聲說笑，會影響和破壞吞嚥動作的協調運動，使食物進入喉腔，引起劇烈咳嗽。假如食物咳不出來，危險就發生了。所以我們吃飯時要力求保持安靜，不在飯桌上與父母討論問題，雖然說可以進行簡短的交流，但是絕不能一邊吃飯一邊大聲說笑。

另外，吃飯時也不要再去翻閱童話書或是玩玩具，總之是一切可能分散注意力的東西都要遠離我們的視線。當然電視也要關掉，不要一邊吃飯一邊看電視，如果我們的注意力全被動畫片吸引了，極有可能連骨頭也一起吞進去，萬一劇情一緊張，人一激動，食物進入氣管的可能性也很大。

④ 積極運動

身體是我們進行一切學習和運動的基本前提，如果沒有一個好的身體，一切都談不上。我們這裡所說的運動，並不是要求每個人都變成專業的運動員，而是說，要把運動納入我們每天的生活，成為一種生活方式。沒錯，對於我們廣大的中學生來說，學習的確很緊張，也很累，也正因為如此，運動才更加重要。它會為我們帶來一種更健康和愉快的生活方式。那些在進行體育鍛煉時有固定規律的孩子，更有可能成長為有規律進行娛樂的健康的人。那些從事體育運動的孩子常發現自己很容易就能和隊員發展和保持友誼。

壞習慣

⑤ 不蒙頭睡覺

　　蒙頭睡覺的時候，被窩裡空氣不流通。由於不斷呼吸，被窩裡的氧氣量減少，吸進體內的氧氣也就必然減少，這時候就有不舒服的感覺。此外，人又不斷呼出二氧化碳，結果是，被窩裡的二氧化碳越來越多，人就會把二氧化碳吸入體內，使體內血液中的二氧化碳含量大增。血液中氧氣太少，二氧化碳積聚太多了，會刺激管理呼吸的神經，使呼吸活動加強，同時產生憋悶的感覺，往往使人從睡夢中驚醒或大喊大叫，影響睡眠和健康。所以，不要把蒙頭睡覺看成是小事情。不管天氣多冷，也不要把頭縮進被窩裡。

> **自我評估**
> ● 吃飯時如果有好的動畫片，你就把飯端到客廳裡去吃，一邊吃一邊看，一舉兩得；
> ● 你認為運動是用來減肥的，你覺得自己一點也不胖，所以不用運動；
> ● 平時你都能按時睡覺和起床，到了週五，你就會看電視到很晚，因為第二天你會睡個大懶覺；
> ● 中午在學校吃飯時，同學們都在一起，所以你總是會和大家一起一邊說笑一邊吃飯；
> ● 你已經習慣蒙頭睡覺了，從來沒出現問題，所以你決定還是繼續這樣；
> ● 躺着看書才舒服，所以只要不是做作業，你就習慣躺在沙發上看書；
> ● 你覺得自己已經是中學生了，只要不是體育課，穿高跟鞋沒關係；
> ● 平時穿衣服，你總是習慣把皮帶紮得緊一些，這樣顯得腰細，好看；
> ● 你比較習慣一邊走路一邊低頭想問題。

附：

培養好習慣的
21種方法

- 突破法
- 榜樣法
- 體驗法
- 自我控制法
- 情緒疏導法
- 反復訓練法
- 正強化法
- 層次目標法
- 行為契約法
- 刺激控制法
- 家庭環境薰陶法

- 自我教育法
- 拿好行為"購買"獎勵——代幣法
- 家校合作法
- 漸隱法
- 區別強化法——暫且維持不適宜行為
- 反向鏈鎖法
- 負懲罰法
- 正懲罰法
- 及時糾正法
- 家庭會議法

一、突破法

解釋

稍微有一些醫學常識的人都知道，針灸時，醫師如果沒有摸準穴位就隨便給人扎針，不僅不能得到好的治療效果，反而會給病人帶來更大的痛苦。而在習慣養成的過程中，"突破口"就如同針灸中的"穴位"，找對了突破口，良好的習慣也就離你不遠了。找好"突破口"，無疑是在習慣養成的道路上前進了一大步。

案例

中國著名教育專家孫雲曉曾經對上海閘北八中的成功教育進行了採訪，並寫出了報告文學《喚醒巨人》，書中有一個故事非常發人深省：

周彩虹，13歲，家境富裕，身高1.69米，可是她就是不愛學習。為了讓她成績提高上來，班主任周老師常常免費給她補課。但是，她卻變着法兒想逃走。有一次，她甚至對周老師說："我家遠，6點是最後一趟班車。如果您留我補課，您把打車的錢給我。"

為了培養周彩虹愛學習的好習慣，周老師不斷尋找辦法，後來，周老師經過研究，終於找到了一個突破口。

一天，周老師約周彩虹談話。周彩虹以為又要談學習，一副死豬不怕開水燙的樣子，總用眼睛望着窗外。周老師笑笑，問：

"彩虹，你去當模特怎麼樣？"

"當模特？"

周彩虹的魂兒一下被勾了回來，她簡直無法相信，班主任會與她這個"差生"談時尚問題。

"是啊，我一直在琢磨，你1.69米的個子，審美意識強，又有運動潛質，當模特也許是一條適合你的發展之路。"

"可……可我這麼小，去哪裡當模特？"

周彩虹來了興趣，卻又不知所措。

"你看，東華大學模特隊培訓班不是在招生嗎？"

說着，周老師取出一些資料，遞給周彩虹，說：

"我研究了一下，我相信，你去報名會被錄取的。"

"真的？"

周彩虹心跳加快了。要知道，她暗暗做過當模特的夢，卻頭一回有機會實現夢想。

……進入了模特班的周彩虹，彷彿變了一個人，對生活中的一切都熱心起來了。預備班準備開主題班會——"祖國在我心中"，她頭一個報名出節目，說用報紙設計時裝來表演。周老師建議多找幾個人，會效果更好一些。於是，她就找了三個男生三個女生。

從此，周彩虹更忙了。每到週末，便約同學們去附近的公園裡練習走台步。她已經受了一段時間的正規訓練，加上天賦靈感，還挺像個模特教練的樣子。訓練結束，她請同學們到家中吃晚餐，與大家建立了融洽的關係。結果，節目大獲成功。

不久，全校舉行班會巡展。預備班由周彩虹領隊的模特表演，最後一個出場，一下子征服了全校師生。誰也想不到，閘北八中會冒出一支挺專業的模特隊，而且出在最懶散的預備班裡。他們狂熱鼓掌，高聲叫好。不用說，此節目榮獲一等獎。

周老師悟到：成功教育就是播撒陽光的教育。

這天放學，她又約周彩虹談心。此時的周彩虹與周老師早已情同姐妹。每一次交流對於她都是一種享受。

周老師說：

"彩虹啊，看到你在模特藝術上潛力無限，老師真為你高興啊！"

"我也覺得生活有意思了，一切都變得那麼可愛！"

"可是，我也有些擔心。"

"怎麼？"

周彩虹緊張起來了。她知道周老師雖然年輕並不輕言，說什麼都有比較充分的準備。

"你回去看一下，這是我從網上下載的資料，都是關於模特專業發展的。"

周老師遞給她一摞資料，平靜地說：

"現代社會對模特的素質要求越來越高了。一級模特，要有大學學歷，最低一級的模特，也要中職畢業。明白嗎？"

周彩虹的臉上掠過一絲陰雲，她沉思了一會兒，說：

"這就是說，我先要初中畢業，再至少讀完中職或高中，才可能正式進入模特界，對不對？"

"完全正確。" 周老師點點頭，又說："我觀察你很久了，發現你很聰明。只要你肯學習，在八中這樣的環境裡，你一定會成功的！而這一點關係到你的一生。"

也許，這一次談話對症下藥了；也許，當模特的成功給了她從未有過的信心；從此，周彩虹開始以新的狀態學習。她上課認真聽，課下與同學討論，並且主動找各科老師補課。漸漸地，周彩虹的學習成績上來了，與她的模特步兒一樣昂首向前。

在上面的故事裡，周彩虹本來是個愛時裝不愛學習的孩子，對此，周老師也曾經一籌莫展，但經過觀察和思考，周老師終於找到了她的"命脈"，這個命脈就是"時裝"。當老師和她談起做模特的時候，她的眼前一亮，心中一亮。而這亮光，就是她後來不斷進步的動力。通過這個突破口，她漸漸開始重視學習，並愛上了學習。

用特長作為"突破口"是一個很重要的原則。

每個人都是獨立的個體，世界上的孩子千差萬別，各有不同。適合別人的，不一定適合自己。因此，在尋找適合自己的方法時，需要考慮自己的年齡、環境、心理特點、性格等。這樣，才能找到適合自己的辦法。只有適合自己的才是最好的。

每個人的性格、興趣都是不一樣的，只有找到了自己的興趣和長處所在，才能在現實生活中揚長避短，積極探索，培養出種種有益成長的好習慣。

操作方法

1. 瞭解自己

這是尋找突破口最重要的一點。如果對自己沒有一個全面的認識，是很難找到一個好的"突破口"的。即使是父母和老師幫助你尋找，他們的建議也是建立在對你的全面認識的基礎上的。瞭解自己的一個重要方面就是明確自己的優勢，揚己之長，避己之短。

2. 聽取父母建議

尋找"突破口"的過程中，希望你能聽取父母的建議。父母一般能對自己的孩子有一個較為全面正確的認識。如果你能真誠、虛心地聽取父母的意見，他們往往能給你很多相當好的建議。當然，有的父母可能還放不下架子，仍然擺出教育你的姿勢，但是他們的內心深處還是很高興你這樣做的。有的父母可能會對你說："我知道你的突破口在哪裡，你今後要……"這樣的方式可能會讓你覺得如同白開水一樣無味，甚至還讓你心中生出些許敵意和警覺來。但是，請不要忘記，父母永遠是最愛你的人，他們的態度可能不那麼盡如人意，但是他們具有我們無法相比的人生閱歷，能給我們很多合理的建議。

3. 必要的訓練

習慣培養畢竟是具體行為的體現，因此，需要對自己進行必要的訓練和強制。在一定時期，如果自己出現某些不良行為習慣，就要及時進行強制改正。比如，要養成尊重父母的習慣，就要在平時的言行舉止中多加注意，如果什麼時候做的事情或者說的話有悖於尊重父母的習慣目標，即使沒有人監督，也要及時進行自我修正。久而久之，自然能養成好的習慣。

二、榜樣法

解釋

古希臘曾經流傳着一個神話故事：

18歲的少年海格立斯，正走在人生的十字路口上。這時，他碰見了兩位女神，一個叫"惡德"，一個叫"美德"。惡德女神千方百計誘惑他去追求能使人享樂一生、卻有害他人的生活；美德女神則勸導他走為人除害造福的道路。最後，海格立斯聽從了美德女神的呼喚，拒絕了惡德女神邪惡的誘惑，選擇了始終為同胞做好事的人生之路。後來，海格立斯成長為希臘人們一直傳頌着的英雄。

從這個神話故事中，我們受到找啟發：每一個成長中的人，都需要好朋友。好的朋友猶如前進中的一盞明燈，帶領人們更快地奔向前進的目標。所以，作家塞萬提斯在他的名著中說："以好人為友者自己也能成為好人。"

在習慣培養中，給自己找個好朋友也同樣重要。對於我們青少年而言，父母的榜樣是一方面，同齡人的榜樣示範也不可缺少。心理學研究表明，對於稍微大一些的孩子來說，同齡群體對他們的影響往往超過了父母。這時，在各種習慣形成方面，同齡夥伴的影響可能會超過父母的影響力。

案例

很多人在回憶自己的學生時代時，最難以忘記的往往是自己那些可愛的小夥伴，他們曾經是自己的對手，也是自己的榜樣。一位學子這樣回憶：

我有幾位很要好的朋友，他們也是我高中時學習上的對手。我們在高考中都取得了很好的成績，全都上了重點大學。今天想來，我們的成功是因為彼此珍惜那份充滿着競爭和關愛的友誼，所以我要感謝我高中時期的那些朋友。

我高中的同桌叫趙連城，他也和我住一個宿舍，我們每天形影不離，學習、吃飯、睡覺……所有的事情都在一起。我們是當年中考文化課程的前兩名，他只比我高1.5分。我們是好朋友，也是競爭的對手。他的英語和數學比我好，我的物理和化學比他好，所以我們經常在一起討論問題。我們在學習上互相幫助鼓勵，當有一個人在學習上遇到困難的時候，另外一個總是鼓勵對方。

　　我和連城都很喜歡運動。他的乒乓球打得很專業，而我是新手，我們經常在週末的時候跑到學校門口的乒乓球室痛痛快快地打一下午球；我足球踢得好，他是新手，我們也經常在週末踢足球。有的時候玩得高興，竟然連飯也忘記吃，錯過了學校的晚飯時間，我們就到學校外面的小飯館吃涮羊肉或者大碗的牛肉拉麵。每個星期都是這樣度過，學習的時候我們比着學，玩的時候我們也是要爭個高低，在安靜下來做總結的時候，我們互相提建議，又是最最貼心的朋友。

　　和連城同桌兩年時間，其中經歷了無數的考試。記得我們的班主任數學老師經常在晚自習的時候突然趕來，一臉嚴肅地對大家說：“先把手上的東西收起來，咱們考一下！”每當這個時候，就是我和我的同桌的一次較量。我們總是在考試的過程中暗暗賽着速度，在考試的結果上賽着分數。一般的時候都是我的速度比他稍微快一點，而他的成績比我稍高一些。後來在臨近高考的時候，連城生病住院了一段時間，出院後很短時間就是高考。高考的最終成績下來，我比連城多了五十多分，我上了清華，他也進了山東大學。現在我保送上了清華的研究生，連城也免試推薦到南開大學讀研究生。

　　我承認，因為有了他這個競爭的對手才讓我在高中枯燥的學習中更有動力，也是因為有了他這個朋友才讓我在激烈的競爭中有了鼓勵和關照。大學四年和連城的聯繫並不是很多，但是每每打電話時，都感覺到和他的友誼之誠、之真，那些情誼和關愛正是我們的進步之源。我永遠感謝連城，他是我高中最好的對手和朋友，我永遠珍惜和他之間的友誼，我將永遠和朋友一起進步。

　　看來，同齡的夥伴在自己的學習、生活中的位置十分重要。如果沒有你追我趕的勁頭，沒有這樣好的夥伴作為榜樣，上文中主人公的中學生活是否會“失色”很多呢？

　　事實證明，在很多人的成長生涯中，有一個好的同齡榜樣，是一件受益終身的事情。蕭伯納曾經說過：“你有一個蘋果，我有一個蘋果，彼此交換，每個人只有一個蘋果。你有一種思想，我有一種思想，彼此交換，每個人就有了兩種思想。”一個人的目光總會有狹隘的時候，如果能與朋友真誠協作，互相交流，就能取人之長，補己之短。如果你能與你的同齡榜樣充分利用周圍的有利條件，就能夠營造出一種你追我趕的氛圍，形成海納百川的胸懷。這不僅是一種學習和競爭，也是一種高層次的人生境界。

當你看到小夥伴把作業都寫得乾乾淨淨、受到老師表揚時，可能也會在心裡默默下定決心，一定要向夥伴學習；同樣，當你看到小夥伴玩遊戲機那麼得意的神情，說不定也會手癢地想親自試一試……人們常常說，"近朱者赤，近墨者黑"。這話是有道理的。"孟母三遷"，為的就是給孩子一個良好的環境。同齡榜樣也是我們身邊環境的一部分。那麼，選擇好的同齡榜樣應當遵循什麼原則呢？

也許有人覺得，既然是選擇榜樣，就要"擇優為鄰"，找那些各方面表現都很優異的人作為自己的榜樣。這樣想固然無可厚非，但是，是不是就一定要這樣呢？其實，身邊的夥伴中，哪怕他身上有一點值得你學習的地方，比如學習特別認真、特別守時、很有禮貌、遵守交通規則等等，都是值得你去學習的好榜樣。如果刻意尋找那些最優秀的同齡人做比較，由於目標太高，反而不利於自己的進步。因此，選擇適合自己的高度目標，應當成為尋找同齡榜樣的一個重要原則。

操作方法

我們的很多朋友是在自然接觸、交往中形成的，要麼是同班同學、同校同學，要麼是鄰居，也有的是在某項共同活動中結識的，父母常常生怕我們交到壞朋友，他們的擔心不無道理。我們究竟應該怎樣把握好交朋友的"度"，為自己找到合適的同齡榜樣呢？

1. 瞭解自己，根據情況選擇朋友

首先，要對自己的具體情況進行分析，如有什麼優點和不足？需要在哪些方面有所提升？比如你覺得自己在清潔衛生方面有待改進，不妨嘗試交一些衛生習慣很好的朋友；然後，再加上自己的興趣愛好來選擇朋友，比如你喜歡閱讀，不妨與那些同樣具有閱讀興趣的夥伴多交往，在交往中交流自己的讀書心得等等。

此外，很重要的一點是，瞭解對方的情況。條件允許的話可以瞭解一下對方的家庭背景。家庭環境對於一個人的影響非常重要，從他的家庭中可以更加瞭解你的朋友。

2. 與父母多溝通

一般情況下，父母不會輕易反對我們的正常交往，不過他們總是希望我們與"好孩子"多交往。當然，父母的衡量尺度可能和我們有所偏差，但他們的意見也值得考慮。如果父母不喜歡你的朋友，甚至說你的朋友是"壞"孩子，你應該怎麼辦呢？

首先，你應該理解父母的出發點是為你好。

父母之所以覺得這些朋友"壞"，無非是因為他們身上有較多的缺點，怕他們影響你的學習，並不是一定存有干涉你的交往自由之意。所以，如果你的朋友屬於前兩種情況，不妨在尊重父母的前提下向父母說明你的立場：你可以與朋友共同進步或者幫助他進步；如果你的朋友情況較嚴重，可以適當聽取父母的意見，請父母幫助你認識什麼才是真正的朋友，該向朋友學習什麼。

其次，讓父母見見你的朋友。

如果你有一些自己的固定朋友，父母又不喜歡，你可以請自己的朋友到家裡來，這樣不但讓父母瞭解了你的朋友，父母也能結合實際情況指導你的行為。

3. 請父母幫助規定

得到父母的認同和幫助後，不妨請父母為你們規定一些行為原則。因為畢竟我們青少年判斷是非的能力還有限，而父母又不可能一直跟着我們，所以，有必要請父母告訴我們和朋友在一起的時候什麼事情可以做，什麼事情不能做。比如，父母不在家的時候，可以請朋友到家裡來玩，但是不要隨便翻家裡的東西，要注意用電安全等等。

4. 與朋友共同進步

這是尋找同齡榜樣的最終目的。榜樣的力量是無窮的。通常情況下，由於我們各自的局限，常常是你在這點比我好，他在那點比你強，大家都各有優勢，不相上下。這種情況下，大家最好是互為榜樣，學習他人身上的優點，克服自己身上的缺點，同時以自己的優秀之處影響別人，幫助別人進步。千萬不要被別人身上的缺點或壞毛病影響，好習慣沒養成，壞毛病又一大堆，這就背離了我們的初衷。"三人行，必有我師"。只有不斷地相互學習，才能不斷地進步。

三、體驗法

解釋

這種方法就是指通過親身實踐來認識和體會養成好習慣的重要性，從而強化好的行為習慣，削減不好的行為的出現。少年兒童獲得“知”的過程，不僅來自於成年人的教育，還來自於少年兒童的體驗。這是少年兒童認知的重要來源。體驗教育在少年兒童思想道德教育及成長中佔據重要的地位。

案例

鮑姆就是在體驗中養成自己帶飯的好習慣的，這中間，媽媽和老師費了不少腦筋：

鮑姆是個7歲的男孩，上學的時候常常忘記帶午飯。每當此時，媽媽都要在繁忙的工作間隙開車到學校給兒子送飯。雖然媽媽就這件事跟鮑姆說了幾次，但鮑姆就是記不住帶飯。後來，媽媽聽從了專家的建議，決定讓孩子體驗一下不帶飯的感受。回家以後，媽媽首先和鮑姆談話，她告訴鮑姆：媽媽相信你已經長大了，有能力管自己的事情了。你應該對自己帶午飯的事情負責任了。媽媽每天工作很忙，不能總是給你送飯到學校。今後，媽媽不會再到學校給你送飯去了。

鮑姆聽了媽媽的話，點頭答應得很好。但是，這一計劃開始實施的時候，卻受到了一些干擾，因為鮑姆的老師借錢給鮑姆，讓他自己買飯吃。為此，媽媽又和鮑姆的老師協商，告訴老師自己的想法。老師答應不再借錢給他買午飯了，讓鮑姆自己去經受考驗。一次，鮑姆又忘記帶午飯了，他向老師去借錢。老師說：“很抱歉，鮑姆，我們已經講好了，你要自己解決午飯問題。”鮑姆給媽媽打電話，請求她給送午飯來。媽媽很和藹但堅決地拒絕了他的要求。

最後，鮑姆的一個同學分給鮑姆一半三文治，但鮑姆還是被飢餓折磨了一個下午。他因此體驗到了因自己不帶午飯而飢腸轆轆的難受滋味兒。從那以後，媽媽發現，鮑姆真的很少再忘記帶午飯。

這個案例說明了在習慣培養中體驗的重要作用。為了讓兒子養成對自己負責任的好習慣，媽媽對鮑姆採取了體驗教育法，讓他親身體驗不帶飯給自己帶來的麻煩和尷尬。有的時候，父母對我們說了那麼多話都不管用，這時如果我們自己去體驗一下，或許對習慣培養更有好處。

一位母親就對孩子實行了這樣的體驗。這位母親記述說：

寧寧小時候是外婆帶大的。外婆有個傳統觀念，說是孩子起床時要多叫幾遍才行，否則對孩子大腦發育不好。在外婆的呵護下，寧寧養成了起床要叫三遍以上的不良習慣。

上小學以後，我決心幫助寧寧糾正這個毛病。我和寧寧說："據媽媽瞭解，人睡醒了立即起床，對大腦的發育沒有影響。總讓媽媽叫幾遍，你才能起床，既耽誤時間，又使得媽媽不開心。我倆商量商量，改掉這個毛病好嗎？"寧寧同意了我的意見。

在我的督促與鼓勵下開始一段時間寧寧還能迅速起床。時間一長，就不令人滿意了。

我開始尋找契機，想通過自我磨難的方法讓寧寧盡快改掉不能迅速起床的毛病。為了豐富孩子們的業餘生活，從小樹立熱愛解放軍的思想，學校利用星期天組織他們到部隊搞"一日小營員活動"。星期六晚上，寧寧興奮得怎麼也睡不着。星期日早晨五點鐘，我叫他起床時，他睡得正香。我見時機來臨，就用平常的語調，叫了一聲"寧寧，該起床了"，並順手用答錄機將我叫他起床的聲音錄下來。見寧寧動了動又睡着了，我暗自慶幸地走開了。

七點多鐘，我聽見寧寧在房間裡大聲哭喊："媽媽，您怎麼不叫我起床呀？同學們都出發了……"我走過去，將答錄機打開，並說："媽媽叫你了，是你沒養成迅速起床的好習慣，所以又睡過去了。"寧寧啞口無言——我早已和他講過不能迅速起床遲早是要碰壁的。久盼的"一日小營員活動"還是參加不成了，他着急、悔恨、懊惱，又是捶打自己的腦袋，又是跺腳，還一個勁兒地罵自己是笨蛋……我像是什麼事情也沒發生一樣，照舊做我自己的事。當他的情緒較穩定後，我安慰並耐心地對他說："寧寧，別難過了，這樣的機會以後還會有的，放假後，我帶你去表哥的軍營，怎麼樣？"這時，他才止住了抽泣。我接着對他講："人吃一塹長一智，永遠記住今天的教訓，就不會再吃這樣的虧，媽媽相信你肯定會改掉不能迅速起床的毛病的。"

從這天以後，奇蹟真的發生了。寧寧每天都在睡前自己上好鬧鐘。鈴響後，他會自己迅速起床。就是高考的緊張時刻，他也是照章辦事，沒讓我操心過……

"不讓他人代勞"，應當成為在體驗中養成好習慣的一個原則。

也許有的人會說，爸爸媽媽願意去做，我也沒有辦法。的確，很多父母在無意識中剝奪了我們體驗的權利。曾經有人收集了一些材料，做了一個比較：

一位中國小孩子在前面跑、口裡含着飯，一位母親在後面追，一手拿着盛有米飯的湯匙、一手用筷子夾着菜，後面還有孩子的奶奶雙手捧着盛有飯菜的碗……這種場景在中國司空見慣。

美國人有一個家教原則叫做"二十碼法則"：尊重孩子的獨立傾向，與其至少保持二十碼的距離。這也是符合讓孩子在體驗中養成好習慣的原則的。

操作方法

1. 確定習慣培養目標

應該說，這是培養一個好習慣的第一步。凡事預則立，不預則廢。有了目標，才能更快的走向實際行動。

2. 自己的事情自己做

在日常生活中，盡量做到自己的事情自己做。如自己的衣服自己洗，自己的房間自己收拾，自己做錯了事情要勇於承認過錯。

3. 體驗好習慣帶來的愉悅

4. 牢記不良習慣帶來的麻煩

在美國威斯康辛州基羅薩鎮傳出了一條有趣的新聞，格外引人注目。

舒爾德和泰妮夫婦有4個子女。長期以來，兄妹4人打架滋事，調皮搗蛋，專搞惡作劇。在他們的房中，有掃不盡的垃圾，響個不停的電話，日夜咆哮的唱機……這種局面，令舒爾德和泰妮夫婦焦慮不安，但因忙於打工謀生，沒有時間顧及這些。

隨着時光的流逝，為這個家所承受的繁重的勞動和沉重的精神壓力，使舒爾德和泰妮夫婦再也無法忍受了，他們經過深思熟慮之後決定在家裡採取"罷工"。首先，母親泰妮停止為4個孩子做飯、洗衣服，不再為他們收拾房間，不再為他們清理垃圾，不再開車送他們外出。與此同時，父親舒爾德切斷了子女房間的電話，斷絕他們與外界的聯繫。

在舒爾德和泰妮"罷工"的當天，4個孩子就淚流滿面，一齊向父母道歉，發誓痛改前非，重新做人。

"家庭罷工"勝利後，一對對父母來向舒爾德和泰妮"取經"。泰妮興奮地說："以前家中如同跳蚤市場，4個孩子沒一個肯幫助我做家務的，他們除了打鬧、看電視，就是製造垃圾和噪音。現在，他們已懂得自己收拾房間、洗衣服、擦碗碟，並爭着給我當家務助手，一家人和諧融洽，可是，我和丈夫還要再接再厲，繼續擴大成果，使孩子們成為真正自食其力的勞動者。"

看來，舒爾德和泰妮夫婦有效地使孩子們體驗到了自己的壞習慣是多麼讓人不快，如果沒有父母的"狠心"，他們恐怕不會這麼快"痛改前非"。

四、自我控制法

解釋

自我控制就是要求我們在習慣養成的過程中，自己控制自己的行為，自己承擔可能出現的後果。

大部分傳統的習慣培養方法都是讓父母對孩子進行外在控制，整個過程都是教育者在觀察、記錄和實施。而依賴外在控制有兩個缺點，一方面有些行為是教育者不易監控的，另一方面容易造成孩子在父母面前一套行為表現，在別人面前或者獨處時是另一套行為表現。進行自我控制則能有效避免這兩大缺點的出現。

案例

自我控制並不是一件簡單的事情，往往需要我們在其過程中克服相當多的困難，其中最難的就是戰勝自己的惰性，一位學生回憶自己的學習時，就有這樣的體會：

我從小對數理化的學科競賽非常感興趣，覺得那是思維的體操，是能力的體現。高一的我一直希望能夠在全國高中數學聯賽上獲得一個名次，甚至夢想著能夠憑競賽的優異成績保送進入清華。於是我給自己定下學習計劃，每天早上5：40起來，這樣可以從6：00開始看書，看一個小時到7：00再吃飯去學校。這對我平時習慣了早起像打仗一樣的人真是一件很難堅持的事情。我也是做了不到一個星期就開始打退堂鼓了，因為冬天的被窩實在是太暖和了，外面又漆黑的，真不願意起來。爸爸看到這種情況就教育我一定要堅持自己的計劃，做事情沒有一帆風順的，成功與否就看你的毅力。他還採取了強迫措施，要我聽到鬧鐘必須起來。當時我不太理解爸爸的做法，非常不情願。每天做夢到最精彩的時候突然被鬧鐘打斷了，真想不理鬧鐘把這個夢繼續做完。由於是冬天，好不容易起床後外面一片漆黑，洗漱用的水也是冰冷的。終於在桌子邊坐下來，面對的又是讓人鬱悶的硬骨頭，一道題目往往要想半個小時以上，有時候想著想著不知不覺就睏了。當時心裡也常常動搖，覺得完全自學真的很難，很多不明白的沒法解決，前面一片黑暗，想過放棄。可是這樣堅持做下來不到半個月也就養成了習慣，以後起來也不覺得很辛苦，覺得是理所當然應該起來做點自己的事情了。每當想退縮的時候，不斷提醒鼓勵自己，就一定能夠堅持下來，完成目標。最後我在聯賽中獲得了省級二等獎，雖然和很多清華的同學比起來是很微不足道的一個獎，也沒有起到保送我進清華的作用，可是畢竟是我們學校好多年來第一次在全國數學聯賽中獲得的獎項。由此我發現，只要你努力過，堅持做好每一件事情，無論外部條件怎樣不利，你總會有收穫的。

在整個自我控制過程中，孩子自己操作，自己承擔責任，然而在很多情況下，我們看到不只是孩子，包括大人在內，半途而廢的事例還是很多的。下面這個例子就反映了這種情況：

英美從小就喜歡吃零食，尤其愛吃甜食，對蛋糕、冰淇淋和巧克力百吃不厭。她一直是班裡最胖的學生，現在她上六年級了，小姑娘的愛美心理漸漸強烈。她開始渴望減肥了，醫生告訴她，必須加強體育鍛煉，控制自己的飲食，特別是少吃甜食。由於她在寄宿制學校讀書，爸爸媽媽沒法監督她，她只能靠自我約束，她決定先從不吃巧克力做起。

學校宿舍旁邊有一個小超市，她每天中午或晚上吃完飯都要在這裡逛逛，買些生活用品，當然還要買巧克力。實施計劃的第一天，中午她去了超市但沒有買巧克力，她很高興能控制住自己。但是到傍晚的時候，她很想吃巧克力，怎麼辦呢？宿舍裡還有一塊以前沒吃完的，先吃完了吧，保證以後不再買新的。第二、第三天，她控制住自己沒有吃巧克力。第四天，同桌送她一塊巧克力，她想：自己已經兩天沒吃了，再說這是別人送的，又不是自己買的，就吃一塊吧。第五天，因為生活需要，她去了小超市，她在巧克力貨架前猶豫起來：減肥得慢慢來，今天我只買一塊最小的，明天絕對不吃。到了週末，英美回家了，爸爸媽媽問她減肥計劃實行得怎麼樣，英美舒服地躺在沙發上說：「我以後會注意的，不過得慢慢來，反正我也不想當模特、做演員，胖點就胖點吧，身體健康才是最重要的。」英美這麼說着，又開始吃巧克力了。

可見，自我控制不像說得那麼簡單，很多人還有一個模糊的認識，認為自我控制僅與人的意志力有關。然而，行為心理學認為，人的行為是受客觀環境支配的，不是個人的主觀意志。一個人有某種壞習慣，主要不是因為他缺乏毅力，而是因為這個習慣總是能得到外在環境的刺激和強化。這個觀點對意志力發育尚不成熟的兒童來說，很有意義。要想提高孩子的自我控制水平，僅有決心和意志是不行的，還得加強訓練，主動學習自我控制程序。

進行自我控制的一個重要要求和原則就是避免即時後果短路。

失敗的自我控制表現出來的主要問題是：非期望行為過剩，期望行為不足。在這裡，我們仍然以英美節食巧克力為例進行分析：

英美的期望行為是節食巧克力，非期望行為是隨便吃巧克力，儘管節食給她將來的生活帶來積極的結果，但是這個行為卻曇花一現，主要是有兩個客觀因素存在：第一個因素是當期望行為出現時，沒有得到立即強化；第二個因素是當非期望行為出現時，得到了立即強化。立即強化就是即時後果。由於積極的結果在將來，所以它對現在期望行為的出現並沒有產生直接的、明顯的影響（即時後果沒有得到強化）。英美不吃巧克力，減肥的效果也不會馬上出現，她想吃巧克力，行為很快就得到強化，她可以迅速、快捷地從超市裡買到（即時後果得到強化）。

可見，自我控制難就難在需要個體對自己實行獎勵和懲罰，當良好行為還沒有出現，自己可能就對自己獎勵了；當不良行為已經出現了，自我懲罰可能還沒有跟上。這種現象叫即時後果短路。

即時後果短路的實質是行為的即時後果與延遲後果出現了矛盾和鬥爭，最終以即時後果獲勝而告終。根據即時後果與延遲後果是強化物還是懲罰物這一性質的不同，可將即時後果短路出現的情況分為以下四種類型：

1. “只要我現在過得好”——即時後果是微小的強化物，而延遲後果是強烈的懲罰物

英美減肥失敗，是因為吃巧克力能夠得到即時的滿足，只要當時的胃口舒服，哪怕肥胖會給她的體型和身體健康帶來較大的影響。即時的微小的後果強化物比起延遲的強烈的懲罰物來說，仍然具有更大的制約作用。成人戒煙戒酒也是這個道理，成人都知道吸煙喝酒過量會對身體造成嚴重的危害，但是因為後果懲罰物是延遲到來的，所以總是戒不掉。

2. “丟了西瓜撿芝麻”——即時後果是微小的強化物，而延遲後果是強烈的強化物

有一類自我控制是這樣的，西瓜和芝麻都是你需要的，你可以做一件事得到即時的微小的強化物（芝麻），也可以做另一件事得到延遲的強烈的強化物（西瓜）。比如，對零用錢的使用來說，孩子可以花掉買一個小玩具，也可以存起來將來買一台大電腦；節日可以出去玩，也可以參加考級培訓，將來得到一個證書。像這類二者只能擇其一的不相容行為，儘管主觀上很多人都想得到更大的延遲的強化物，但結果還是不自覺地選擇了即時強化物。

3. “不願吃眼前苦”——即時後果是微小的懲罰物，而延遲後果是強烈的強化物

唱歌、跳舞、彈琴、繪畫等新技能的學習，常常會給學習者帶來微小的厭惡刺激，比如

一開始會跑調、姿勢笨拙、指法錯誤、畫虎成貓，但是克服困難，堅持學習最終可以得到巨大的成功體驗：婉轉的歌喉、優美的舞姿、動聽的旋律、妙筆丹青。

在這類非此即彼的選擇中，有人只是在夢裡幻想延遲後果，在現實生活中卻發生了即時後果短路，不願吃苦頭，哪來的甜頭？"寶劍鋒從磨礪出，梅花香自苦寒來"的原因，就是沒有落入即時後果短路的窠臼。

4. "只要當時不痛苦"——即時後果是微小的懲罰物，而延遲後果是強烈的懲罰物

有一類二難選擇是這樣的，你可以做一件事，雖然它會給你帶來一點點痛，但是你也可以不做這件事，等待着你的將是更大的痛。比如孩子發生齲齒，需要拔牙，拔牙當時是很疼的，以後就不疼了，而不拔牙的後果則是"牙疼不是病，疼起來真要命。"有孩子生病了怕打針，而小針不打，將來肯定要打更多的大針。

操作方法

即時後果短路是自我控制失敗的主要原因，這並不是說，不發生即時後果短路，自我控制就能馬到成功。自我控制還需要完成以下程序：

1. 確定一個明確具體、程度適宜的目標行為。不要定模糊抽象的目標，比如"減肥"、"熱愛學習"、"改善同伴關係"等。要把目標列成要說或要做的事情，行為者是否達到目標就可以一目了然。如果你準備以漸進的方式達到最終目標，要把中間目標寫下來，使自我監督落實到位。英美的目標行為程度不適宜，跨度太大，她愛吃巧克力，可以把目標定為吃巧克力一天比一天少（指克數而不是塊數）。

2. 確定不相容行為。當你的目的是減少非期望行為時，你就要增加它的不相容行為，反之亦然。英美的目的是減少吃巧克力等甜食和零食，那麼她就要避免飢餓這一強化物出現，採取一些不相容行為控制飢餓感，比如吃飽飯、多喝水、吃水果等，降低脂肪攝入量。

3. 增加非期望行為發生的難度。非期望行為存在是因為周圍有它的強化物，沒有了客觀環境的刺激，非期望行為就無從發生。英美可以這樣增加非期望行為的難度，從家裡來的時候，把生活和學習用品都帶足了，不給自己留逛超市的機會；還可以帶很少的零用錢或者不帶零用錢，也不許借同學的錢，這樣就沒法買巧克力了。

4. 加強自我監督和鼓勵。自我鼓勵是為自己堅持到底提供力量。你可以這麼做：把行為

目標貼在床頭或桌角，時時提醒自己；找相關的具有真知灼見的座右銘提升自己的認識；把出現期望行為如何獎勵自己。出現非期望行為如何懲罰自己，寫得一清二楚。

　　5. 尋找他人支持。自我控制並不是要單槍匹馬地管理自己，親屬、老師和同伴的支持與幫助也是實現自我管理的一個途徑，尤其是同齡人之間的模仿是不可忽視的外在刺激。一個不愛讀書的孩子可以與愛讀書的孩子為友，強化自己的讀書行為；一個不愛清理房間的孩子如果與愛清理房間的孩子同室，他就不得不漸漸改掉邋遢的毛病。英美可以與不愛吃零食的同學多多相處，控制非期望行為出現的前提刺激；還可以把自己的目標行為向同學公開，給自己增加心理壓力和適度焦慮，督促自己加強自我管理。

　　6. 可以綜合借用前面介紹過的方法的實施程序，只是把監督人由他人變成自己即可，實現自我控制。

五、情緒疏導法

解釋

隨着年齡的增長，我們的思想認識也越來越豐富。一個不容忽略的事實是：要培養良好的習慣，不但要打造自己的行為，還要理順自己的思想認識，糾正我們身上可能存在的偏執的、非合理的、情緒化的認知。這時，就需要進行情緒疏導。合理情緒疏導是行為心理學與認知心理學相結合的產物。塑造良好行為習慣，矯正不良習慣，除了可以從調控外顯行為和刺激環境達到目的以外，還可以深入到青少年內部思想的改變上，而且孩子越大越需要首先這樣做。

案例

我們先來看下面這個案例：

米琪珥是一個上小學五年級的10歲女孩。她在鄰居中幾乎沒有朋友，在學校也比較孤獨。在過去的幾年中她在班上只有一個好朋友吉莎。媽媽認為，女兒社交困難是由她的不良性格造成的，米琪珥刻板、不會分享，希望事情按照她的意願發展。新學期伊始，米琪珥班裡轉來一個新同學，與她的唯一好友吉莎很要好，這個新來的女孩為了與她形成友誼上的競爭，竟然取笑米琪珥，還慫恿班裡的一個小圈子也這樣做。

每當與同伴交往受到挫折的時候，米琪珥就會逃避，變得很難過，甚至默默哭泣，有時她會向同伴發出攻擊，有時向老師告狀，有時向父母傾訴。米琪珥經常有這樣的想法（此即她認知上的困擾，是她自動化的思想）："我必須得到其他孩子的喜歡，否則就是我不好。" "別人應該主動接近我，並與我做朋友。" "現在她再也不是我的朋友了。" "沒有人喜歡過我。" "我肯定有些什麼地方錯了。"當問她為什麼向老師和父母求助時，她說："我當時沒有任何辦法了。" "交朋友太困難了，不應該只靠我自己去做這件事。"為了減少米琪珥的孤單，老師和父母都會在她傷心時給她額外的補償，這又成了惡性循環，同學們對她這種像小孩子一樣的不成熟行為嗤之以鼻。

米琪珥不良的交友習慣面臨兩個困難：其一，怎樣面對班裡同學的取笑；其二，習得與同學相處的技巧。第一個問題就是屬於認知上的困擾，這個問題解決了，第二個問題才可以提上日程。

媽媽帶米琪珥見了心理諮詢師。諮詢師用蘇格拉底式的提問為米琪珥解開了認知上的困擾。

諮詢師：吉莎喜歡班裡的每一個人嗎？

米琪珥：當然不是。

諮詢師：你是說班裡還有不是她朋友的其他同學？

米琪珥：是的。

諮詢師：那麼你認為這些同學怎麼樣？她們是沒有價值的人嗎？

米琪珥：我從來沒有那樣想……她們當然不是沒有價值的。

諮詢師：那為什麼呢？如果你因為不是吉莎的朋友而沒有價值，那麼所有那些不是吉莎的朋友的同學不也應該像你一樣沒有價值嗎？

米琪珥：不，她們當中有些人是好孩子。

（米琪珥說了這些孩子的名字和優點。）

諮詢師：這些孩子雖然不是吉莎的朋友，她們也是好孩子，為什麼你就不行呢？

米琪珥：哦，也許可以吧。

諮詢師：聽起來你沒有什麼信心。也許你也有很多優點，雖然你不是那個小圈子裡的人。

米琪珥：哦，我是有很多優點，但這並不能讓她們喜歡我。

諮詢師：她們必須得喜歡你嗎？

米琪珥：當然不是，她們的圈子只有8個人，我們班還有更多的女孩，她們不可能和每一個人都是好朋友。

諮詢師：那麼，所有與這個小圈子不是朋友的那些同學都是不好的嗎？

米琪珥：我想不是。

諮詢師：那為什麼你是不好的呢？你與其他不是小圈子裡的同學有什麼不同？

米琪珥：我覺得沒有什麼不同。但我想的僅是我自己，不包括其他人。

諮詢師：那麼，如果她們不被那個小圈子的人喜歡仍然可以很好，為什麼你就不能呢？

米琪珥：我從來就沒有這樣想過。

諮詢師：那麼試一下，大聲說出"我和其他的孩子一樣好。我不需要因她們喜歡我而成為一個好人”。

（米琪珥試着重複了3遍。）

諮詢師：如果你真的這麼想，你有什麼感覺呢？

米琪珥：我想我會感覺好一些。

諮詢師：好，讓我和你的父母經常幫你這樣練習。

當米琪珥的非合理的自動化的思想受到挑戰以後，諮詢師和父母同時還給了她合理的、替代性的想法，接着把重心轉到培養交往技能上。通過疏導和教育，米琪珥有了很大的改善。她受到取笑時不再抑鬱，在與同學對抗時能很好地控制自己，在班裡和鄰居中也有了新朋友。

米琪珥是幸運的，有父母和諮詢師的幫助。對於我們大部分人來說，由於條件的限制，面對挫折大多數時候只能自己進行情緒調節和疏導。這方面也有很多成功的例子。

的確，在困難和挫折面前，如果能積極地疏導自己的情緒——只看自己所有的，不看自己沒有的——永遠保持健康的心態，我們將沒有理由抱怨什麼，因為我們所有的比我們失去的更多：我們有幸福的家庭，很愛我們的父母、相處和睦的同學、很多認識或不認識的支援我們的朋友、有很好的學習的條件……相信很多人都記得這句話：“我憂鬱，因為我沒有鞋。直到上街我遇見一個人，他沒有腳！”

拋棄不良情緒，保持積極心態，是我們使用合理疏導情緒方法的要求和原則。

蕭伯納說：“人們總是責怪環境造成自己的困境，我不相信環境。人們出生在這世上，都在尋找自己所需要的環境。如果找不到，就應該自己去創造。”青少年時期正是我們不斷塑造自我的時期，在此過程中，影響最大的莫過於是選擇樂觀的態度還是悲觀的態度。因為我們的情緒會影響我們的思想，我們的思想又會影響我們的行動。樂觀的態度往往會給我們帶來激勵，悲觀的態度則會成為阻滯我們前進的力量。

操作方法

合理情緒疏導的一般程式和技術技巧如下：

1. 識別自動化思想

所謂自動化思想，就是我們已經形成的價值觀，是我們對外界事物和現象的理解與判斷。比如，考試成績不理想，有的人就自然而然歸因於自己太笨，有的孩子則認為自己挺聰明就是沒有好好學，有的孩子則自暴自棄，認為自己不是一個好孩子等。

我們可以採取"自我歸納"的方法不斷發掘和識別自己的自動化思想，在學習、生活中不妨多問自己幾個"為什麼"。比如"我為什麼這樣做？""我為什麼成功了？""我為什麼沒有完成得更好？"等等。

案例中，當與同伴交往受到挫折的時候，米琪珥的想法如"我必須得到其他孩子的喜歡，否則就是我不好"、"別人應該主動接近我，並與我做朋友"等就是她在社交失敗時產生的自動化思想。

2. 識別認知錯誤

一般來說，我們也比較容易確認自己的自動化思想，但是我們不容易認識到這種自動化思想的錯誤所在，甚至把他們當作不需要論證的想當然的道理。

這時，我們就要根據我們的自動化思想，提出正反兩方面的證據，分析哪些是情感事實（憤怒、悲傷、難過、抑鬱等），哪些是認知方面的錯誤（絕對化的要求、消極的自我評價等），然後關注後者，歸納出一般性的認識。

蘇格拉底式的質疑和反詰對我們識別認知錯誤比較有效，針對自己不合理的、誇張的想法，我們可以對自己進行直截了當地挑戰式發問："你有什麼證據可以證明你的這一觀點？""是否別人都可以失敗而惟獨你不能？""是否別人都應該按照你的想法去做？""你有什麼理由要求事情按照你的想法發生？"

當你發現自己的辯護已經變得理屈詞窮的時候，你就會真正認識到：我的思想原來是不現實的、沒有根據的；我的想法有些是合理的，有些是不合理的；我必須以合理的信念取代不合理的信念。

3. 加強自我言語行為，給予替代性思想

人的思想是內化的語言，以自言自語或者不出聲的語句為主。也就是說，我們常常告訴自己的話或句子會成為我們自己的思想，並成為支配行為習慣的一個重要原因。因此，當我們發現自己的認知錯誤以後，就不能再反復告訴自己這些話或句子，而應該以新的合理的內化語言來替代它。

諮詢師讓米琪珥大聲說出"我和其他的孩子一樣好。我不需要因她們喜歡我而成為一個

好人。"就是加強她的自我言語行為，給予替代性思想。少年兒童的思維發展還是以具體形象思維為主，內部語言尚不如成人那樣發達。因此，諮詢師要求她出聲練習這個替代性的句子，幫助她在遇到交友挫折時，糾正自己的錯誤認知。當她漸漸熟練使用這一替代性想法後，出聲言語就會慢慢轉化為不出聲的內部言語。

4. 去中心化

在對自己的錯誤認知進行駁斥的同時，要消除我們認為自己是別人注意中心的想法。通常，我們在憂鬱和焦慮的時候，很容易感到自己的一言一行都受到別人的"評頭論足"，因此，覺得自己是脆弱的、無力的、失敗的。比如，米琪珥本來就有認知錯誤——"交朋友太困難了，不應該只靠我自己去做這件事。"父母和老師為了減少她的孤單，都會在她傷心時給她額外的補償，結果強化了她的中心化傾向，並形成惡性循環。

通常，我們在疏導情緒的同時，還要學習正確的技能，以促進良好習慣的養成。

六、反復訓練法

解釋

習慣是一種動力定型，是條件反射長期積累和強化的結果，因此必須經過長期、反復的訓練才能形成。嚴格要求，反復訓練，是形成良好習慣的最基本的方法。

中國古代的學者們就非常重視行為習慣的訓練，重視言行一致的作風。荀況有言："不聞不若聞之，聞之不若見之，見之不若知之，知之不若行之，學習育行之而已。"古代人把他們的道德要求編成《三字經》、《朱柏廬治家格言》等，讓人們牢記並按照要求反復訓練，效果非常明顯。

國外的教育家也很重視行為習慣的訓練。洛克曾說："兒童不是用規則教育可教育好的，規則總是被他們忘掉。你覺得他們有什麼必須做的事，你便應該利用一切時機，甚至在可能的時候創造時機，給他們一種不可缺少的聯繫，使它們在他們身上固定起來。這就可以使它們養成一種習慣，這種習慣一旦養成以後，便不用借助記憶，很容易地，很自然地發生作用了。"

古今中外的教育家都強調訓練的重要性，是因為訓練可以使機體和環境之間形成穩固的條件反射。實踐證明，真正的教育不在於說教，而在於訓練。如果我們的習慣培養只停留在表面的口頭話語，那這樣的習慣一定是沒有真正的生命力的，時間長了，還容易使人養成言行不一致的壞作風。只有反復訓練才能形成自然的、一貫的、穩定的動力定型，這是人的生理機制決定的。所以說，沒有訓練，就沒有習慣。

案例

著名球星喬丹曾經為了一個單手投籃習慣而靠牆苦練了三個月，時裝模特往往為了一個台步習慣而苦練終身。萬丈高樓平地起，要想形成良好的習慣，首先要經過嚴格的訓練。

歷史上，大凡有所成就者，無不與足夠的訓練有關：

王獻之是王羲之的第七個兒子，自幼聰明好學，在書法上專工草書隸書，也善畫畫。他七八歲時始學書法，師承父親。有一次，王羲之看獻之正聚精會神地練習書法，便悄悄走到背後，突然伸手去抽獻之手中的毛筆，獻之握筆很牢，沒被抽掉。父親很高興，誇讚道："此兒後當復有大名。"小獻之聽後心中沾沾自喜。還有一次,義之的一位朋友讓獻之在扇子上寫字,獻之揮筆便寫,突然筆落扇上,把字污染了,小獻之靈機一動,一隻小牛栩栩如生於扇面上。再加上眾人對獻之書法繪畫讚不絕口,小獻之滋長了驕傲情緒。

一天,小獻之問母親郗氏:"我只要再寫上三年就行了吧?"母親搖搖頭。"五年總行了吧?"母親又搖搖頭。

獻之急了,衝着母親說:"那您說究竟要多長時間?""你要記住,寫完院裡這18缸水,你的字才會有筋有骨,有血有肉,才會站得直立得穩。"獻之一回頭,原來父親站在了他的背後。王獻之心中不服,啥都沒說,一咬牙又練了5年,把一大堆寫好的字給父親看,希望聽到幾句表揚的話。誰知,王羲之一張張掀過,一個勁地搖頭。掀到一個"大"字,父親現出了較滿意的表情,隨手在"大"字下填了一個點,然後把字稿全部退還給獻之。

小獻之心中仍然不服,又將全部習字抱給母親看,並說:"我又練了5年,並且是完全按照父親的字樣練的。您仔細看看,我和父親的字還有什麼不同?"母親果然認真地看了3天,最後指着王羲之在"大"字下加的那個點兒,歎了口氣說:"吾兒磨盡三缸水,惟有一點似義之。"

獻之聽後泄氣了,有氣無力地說:"難啊!這樣下去,啥時候才能有好結果呢?"母親見他的驕氣已經消盡了,就鼓勵他說:"孩子,只要功夫深,就沒有過不去的河、翻不過的山。你只要像這幾年一樣堅持不懈地練下去,就一定會達到目的的!"

獻之聽完後深受感動,又鍥而不捨地練下去。功夫不負有心人,獻之練字用盡了18大缸水,在書法上突飛猛進。後來,王獻之的字也到了力透紙背、爐火純青的程度,他的字和王羲之的字並列,被人們稱為"二王"。

倘若沒有嚴格艱苦的訓練,恐怕歷史上就沒有"二王"的出現了。

操作方法

1. 目標明確,要求具體

良好的行為習慣只有通過反復的分解操作練習,才能形成自然的、一貫的、穩定的動力定型,有些操作過程較複雜的行為要求,可採用分解操作。

如使用文明禮貌用語時,說"謝謝"二字,雖然看起來很簡單,但是要注意的細節其實很多。這時，不妨先向自己的長輩請教。他們往往會根據自己的實際生活經驗給你一些適當的建議，如：

首先，說"謝謝"時必須誠心誠意，發自內心，要讓人聽起來不做作，不生硬，不是為應付人家，而是真心實意地感謝，只有真心才能使"謝謝"二字富有感情。

第二，說"謝謝"時要認真、自然，要讓人聽清楚，不要含含糊糊，不好意思，更不要輕描淡寫地湊合，好像不太情願、應付差事。

第三，說"謝謝"時要注意對方的反應。如果對方很高興就是達到目的了，如果對方對你的致謝莫名其妙，就要說清謝人家的原因，以使對方感到你的真情實意。

第四，說"謝謝"時要用整個身心說，除了嘴裡說以外，頭部要輕輕地點一下，眼睛要注視着對方，而且要伴以適度的微笑。

第五，別人幫助自己解除了困難之後，應表示謝意。表示的方式可以說："謝謝！""多虧您幫助！"也可以握手致謝，還可以贈物致謝。

表達謝意的方式因人、因場合而異，一定要根據實際，選擇最恰當的行為方式，這樣的訓練才能既規範又不機械。

2. 層次分明

由於青少年年齡層次不同，各個年齡段掌握良好習慣的要求也就不同。如養成"文明乘車"的習慣時，最好是先訓練自己上車能主動買票、乘車時不向窗外扔雜物、不把頭伸出車廂外等較為基礎的要求，然後再進一步要求自己能主動為乘客讓座等更多的要求。

3. 及時檢查

只有要求而沒有檢查，要求就容易落空，因此自我檢查和評價必須堅持經常做。比如訓練做作業仔細認真就要天天檢查，哪天寫不整齊就要求哪天的作業重做，一點也不能馬虎，最好是準備一個專門的本子，對作業的情況進行登記，以便一個階段作一次總結。再比如養成每天早晨自己疊被的好習慣，就要每天檢查自己的被子疊了沒有，疊得整不整齊，發現沒有疊或疊得不好的情況，一定要及時糾正，這樣訓練才能形成好的習慣。這些工作雖然比較瑣碎，但是必須長期堅持。

七、正強化法

不知道大家有沒有類似的體會，自己在某種情境下做了某件事情，如果獲得滿意的結果或肯定的答覆，下次遇到相同情境時做這件事的可能性就會提高，不知不覺中，就養成了一種習慣。這就是"正強化"。雖然不能片面地誇大一次表揚和鼓勵就能塑造一個嶄新的行為，但我們應該看到：正面的、積極的外界反應和自我評價，對良好行為習慣的養成有較為明顯的促進作用。

對於我們青少年而言，運用好"正強化"的方法，就是要在習慣的自我培養中，學會肯定自己。從某種意義上說，就是要學會"自我表揚"、"自我獎賞"、"自我鼓勵"。同時盡可能地獲得父母的幫助。

可能有的人會說，這方法誰不知道？老師和父母不是經常將這種方法用在我們身上嗎？表面上看的確是這樣。但那都是來自他人的表揚和激勵。要真正地掌握這個方法並運用得得心應手，並不是一件容易的事。如果肯定自己的"度"掌握得不好，很容易滑向自滿的邊緣，反而成為習慣培養中的負面因素。

下面這個案例中所用的策略就是"正強化"：

丁紅上小學四年級，語文成績還行，數學是她最大的麻煩，尤其是遇到應用題的時候，老師講的例題當時也能聽懂，等她自己寫作業的時候又不會了。回家後她向當工程師的爸爸討教，爸爸給她講了兩遍，她還是似懂非懂，媽媽在一邊着急了，責怪丁紅反應慢。爸爸在書房裡來回踱步，像是在想問題。大約5分鐘後，爸爸對女兒說：

"我想起來了，我上小學的時候通常一個問題要講六遍才能聽懂，我們重新開始吧。"

爸爸又耐心地講了三遍，女兒終於聽懂了。爸爸說："你比小時候的爸爸反應問題還快一次，只要你不怕困難，堅持思考，你將來一定會超過爸爸的。""真的嗎？"丁紅雖然有點不相信，但欣喜之情掛在眉梢。

可別小看了丁先生的這幾句話，丁紅的媽媽聽了以後心裡暗暗吃驚，為自己的急躁和斥責而慚愧。更重要的是，後來丁紅遇到難題的時候，不但不怕一遍又一遍地問別人，還不怕一遍又一遍地自己下工夫思考，直到把問題徹底搞明白為止。

十一年以後，在小學同班同學裡，她是唯一獲得研究生學歷的人。

相信很多人都曾遇到過像丁紅這樣的困難，但可能很多人沒有她那麼幸運，因為很多父母不會有丁先生那樣的耐心和智慧，有的爸爸則可能逐漸提高嗓門，終成雷聲，嚇得孩子不敢再問，甚至沒了信心。像丁紅這樣在父母的鼓勵和幫助下得到自我肯定當然很好，但來自我們自身的"覺醒"更有力量。

操作方法

用"正強化"法培養行為習慣，要注意以下幾個"技術要點"：

1. 選擇適宜的正強化物

當你表現出適宜或良好的行為，要不失時機地給予自己獎勵和肯定，這些獎勵和肯定就是刺激你再次表現好行為的正強化物。當然，每個人的喜好是不同的，因此要先瞭解什麼樣的正強化物會對你有激勵作用，以便在適當的時候選擇合適的正強化物。

下面列舉出一些常見的正強化物調查表，你可以按照自己的喜好程度排序。當然，如果你還有其他特殊的正強化物，也可以再加上。

消費性強化物：指糖果、餅乾、飲料、水果、巧克力等一次性消費物品。

活動性強化物：指看電視、看電影、做手工、踢球、去公園、野餐、旅遊、逛街等屬於休閒性質的活動。

操弄性強化物：指布娃娃、變形金剛、玩具汽車、玩具手槍、圖畫、卡片、氣球等自己愛反復玩弄的物品。

擁有性強化物：指在一段時間內孩子可以擁有享受的物品，比如小狗、小貓、光碟、電腦、鋼琴、小提琴、漂亮的衣服、筆記本、紀念品、文具盒等。

社會性強化物：屬於精神層面的獎賞，比如：擁抱、撫摸、微笑、獎狀、注視、親子逗樂嬉戲、講故事、口頭誇獎（聰明、能幹、好孩子）等。

這裡要注意的是，隨着自己年齡的增長，行為養成後，有形的強化物要逐漸減少，社會性強化物應該逐漸增加。

2. 對準要強化的適宜行為

當自己呈現好的行為時，不要急於給自己獎勵即強化物，而要想清楚是什麼樣的好行為能讓自己得到這一獎勵。如果在情況不甚清楚的時候就隨意給自己獎勵，那麼強化物就會失去它的強化意義。

正強化物必須緊隨着好行為出現之後，間隔越長，效果越差。給予正強化物要適可而止，以免產生"飽饜"或者損害身心健康。多種正強化物最好配合使用，花樣變換靈活。

3. 把計劃告訴父母，以取得他們的積極配合

父母是最能幫助我們養成良好習慣的人，如果你把自己的計劃告訴他們，他們會很樂意幫助你實施計劃。

首先，你可以把自己的習慣養成目標和希望得到的強化物告訴父母。

比如要養成做作業不拖拉的習慣，可以規定自己在七點鐘之前完成作業就可以玩15分鐘的電腦遊戲，如果一個星期都做到了，星期日就可以玩半個小時。如果連續一個月都做到了，可以去遊樂場玩一次。

然後，請父母掌握強化物。

青少年的自制能力不夠強，可以考慮請父母掌握強化物。同時，要求父母給自己呈現正強化物的時候，不是給了東西就完事，還要口頭敘述是什麼行為得到了他們的賞識。還要注意一點，就是請父母對自己進行客觀的評價，少用評價式的讚美。因為評價式的讚美往往比較極端，比如當你畫了一幅好看的畫，父母如果評價說："畫得真好，以後肯定是一個小畫家！"這樣的讚美會讓我們養成對高期望評價的依賴，不利於培養我們的自主性。此時，父母如果能具體描述我們在主題、構圖、色彩、創新等方面的長處，這種客觀的讚美能讓我們明白自己到底好在哪裡，自己在哪一方面還要發揚光大，有利於獲得正面且客觀的自我認識。

比如上文中，丁先生強化的行為就很具體，即鼓勵女兒"不恥多問"，連遍數都清清楚楚，女兒得到的指導就很明確。而丁紅的媽媽說孩子"反應慢"是犯了家教的忌諱，既消極否定，又粗枝大葉，怎樣為"慢"？缺乏建設性的意見。

4. 正強化不宜長用

"正強化"對簡單行為的形成初期比較見效，對於複雜行為或者行為相對穩固以後，強化物會逐漸喪失其強化好行為的功能，此時宜選用其他方法。

八、層次目標法

解釋

我們常說做事情要按步驟進行，習慣培養同樣如此。這裡所說的層次目標法，其實就是說在培養習慣的時候，要根據自己的年齡特點，按層次分解目標，由淺入深、由近及遠、循序漸進地進行。

青少年朋友們難免有些疑惑：我們的父母認為培養習慣特別重要，因此就特別心急，總希望能一下子把我們培養成為一個具有所有好習慣的人。他們老是很焦慮，一會兒讓我們做這個，一會兒讓我們做那個，甚至老是給我們提出過高的要求……這種做法，非但不能培養良好習慣，還有可能引起青少年的反感情緒，使孩子抵觸父母的要求。

習慣和習慣之間不能機械地用年齡劃分開，比如幾歲到幾歲培養學習習慣，幾歲到幾歲培養做人習慣，只能說根據孩子的年齡特點和心理發展特點，在不同年齡階段要有不同的要求，在要求、水平、層次上要有差異。

習慣培養還要注意個體之間的差異，如性格特點。比如，有的父母希望培養孩子與他人和諧交往的好習慣，於是就每天帶孩子出去和朋友一起玩，而不考慮孩子的性格特點。或許這個孩子性格比較內向，他不喜歡與他人交往，讓他與別人交往對他來說是很痛苦的事情。這時，如果父母非要培養他與他人交往的習慣，就很有可能讓孩子反感或抵觸。

案例

很多人在培養孩子良好習慣的過程中就曾走過不按層次培養、急於求成的彎路。一位母親說：

我是一個要強的女人，從小到大我做什麼事情都走在別人前面。有了孩子以後，我就一心希望把孩子培養成一個傑出的人。我知道，對於小孩子來說，習慣養成特別重要。人們都說習慣培養好了，孩子長大一些就省事兒了，就不會那麼累了。於是，幾乎從孩子一出生開始，我就着手培養孩子養成各種好習慣。別人家的孩子都是大人給餵奶，我卻盡量讓他自己拿着奶瓶子喝奶；別人家的孩子由大人扶着學走路，我卻一開始就讓他自己走路。孩子為此摔了很多跤。我也很心疼，但是我都忍耐着。因為我知道，在孩子學走路的時候，不摔跤是不可能的。

當他上小學以後，我教他的第一件事是學習查字典。別人都說我教得太早了，孩子的拼音還沒學好呢。可我當時想，什麼事情都不能落後，邊查邊練不是挺好嗎？

這樣做了一段時間以後，我發現孩子的性格有了變化。這種變化並不是我希望的那樣——孩子具有了獨立性。相反，孩子變得很愛哭，一讓他寫作業，他就鬧情緒，有的時候和我急，有的時候就和自己較勁，要麼摔了鉛筆，要麼弄破了本子，有的時候還小聲哭泣。

沒辦法，我只好帶孩子去諮詢專家。專家們認為，孩子是因為承受了太大的壓力才會這樣的，他們說都是我沒有考慮孩子的年齡特點和心理特點，給他很多要求，讓他感到自己無法達到這些目標才會變成現在這樣的。對這樣的結果，我真是沒有想到。我自己也覺得挺委屈的，我還不是為了孩子能更好？

的確是這樣，很多父母都在"為了孩子好"的心態下，給孩子提出過多的要求。這樣不考慮孩子的年齡、心理發展以及個體特點的做法，很容易導致拔苗助長的後果。"好了"才能"更好"，要想"好"，就要一步一步，循序漸進，按照客觀規律辦事。

"天下大事必成於細，天下難事必成於易。"從最簡單的開始做起，往往能幫助我們獲取更多的自信，同時使我們在學習和工作中，投入更多的熱情。

一位著名的大學教授多才多藝，當有人問他為什麼能把曲子拉得如此流暢時，他說："我是這樣來練習的：每當練習曲目之前，必定先瞭解曲目是由幾小節構成。比如：準備練習30小節，一天練習一小節，一個月即可練習完畢，不過，我並非從頭到尾依次練習，而是從最簡單的一小節開始，第二天，再從所剩的29節中挑選最簡單的練習，而用這種方法練完整首，不但輕鬆自如，而且還在練完之後找到了各個小節之間的呼應關係，從整體上理解了這首曲子的境界。

從心理學上看，這位大學教授的練習法是非常合理的。因為人總是具有惰性，往往會找出各種藉口逃避學習和工作，尤其是有一些難度的學習和工作。而這位教授的方法恰恰滿足了人的成就感，每完成一小節，就增加一份信心。

兩次在國際馬拉松邀請賽中奪冠的日本矮個子選手山田本一在比賽中，就運用了一種十分巧妙的目標分解方法：

1984年，在東京國際馬拉松邀請賽中，名不見經傳的日本選手山田本一出人意料地奪得了世界冠軍。當記者問他憑什麼取得如此驚人的成績時，他說了這麼一句話：憑智慧戰勝對手。

當時許多人都認為這個偶然跑到前面的矮個子選手是在故弄玄虛。馬拉松賽是體力和耐力結合的運動，只要身體素質好又有耐性就有望奪冠，爆發力和速度都還在其次，說用智慧取勝確實有點勉強。

兩年後，意大利國際馬拉松邀請賽在意大利北部城市米蘭舉行，山田本一代表日本參加比賽。這一次，他又獲得了世界冠軍。記者又請他談談經驗。

山田本一性情木訥，不善言談，回答的仍是上次那句話：用智慧戰勝對手。這回記者在報紙上沒再挖苦他，但對他所謂的智慧還是迷惑不解。

10年後，這個謎終於被揭開了，他的自傳中是這麼說的：每次比賽之前，我都要乘車把比賽的線路仔細地看一遍，並把沿途比較醒目的標誌畫下來，比如第一個標誌是銀行；第二個標誌是一棵大樹；第三個標誌是一座紅房子……這樣一直畫到賽程的終點。比賽開始後，我就以百米的速度奮力地向第一個目標衝去，等到達第一個目標後，我又以同樣的速度向第二個目標衝去。四十多公里的賽程，就被我分解成這麼幾個小目標輕鬆地跑完了。起初，我並不懂這樣的道理，我把我的目標定在40多公里外終點線上的那面旗幟上，結果我跑到十幾公里時就疲憊不堪了，我被前面那段遙遠的路程給嚇倒了。

在現實中，我們做事之所以會半途而廢，這其中的原因，往往不是因為難度較大，而是覺得成功離我們較遠，確切地說，我們不是因為失敗而放棄，而是因為倦怠而失敗。在人生的旅途中，我們稍微具有一點山田本一的智慧，一生中也許就會少許多懊悔和惋惜。

設定一個正確的目標不容易，實現目標更難。把一個大目標科學地分解為若干個小目標，落實到每天中的每一件事上，不失為一種大智慧。

操作方法
1. 瞭解成長規律
青少年的成長和認知發展是有規律可循的。這些規律決定了我們在做事情的時候，一定要遵循規律，而不能根據自己的主觀願望辦事。

根據兒童心理學研究，左右兒童觀念的形成和發展需要經過3個階段。第一階段，5歲～7歲。兒童以自我為中心辨別左右，因此能夠分清自己的左右手。直到7歲左右才可以分清站在他們對面的人的左右手；第二階段，7歲～9歲。兒童能對直觀、形象的事物分清左右空間關係，形成直觀表像，並能初步掌握左右方向的相對抽象性，但對非直觀、抽樣的空間關係還比較模糊；第三階段，9歲～12歲，兒童能夠形成左右方位的抽象概念，能根據表像、記憶建立其空間關係。從上面的發展規律來看，兒童從小到大，對空間和距離的知覺是逐漸完善起來的。

習慣培養要講究科學性，一定要考慮自己的年齡特點，依據身心發展規律培養好習慣。這些習慣不是截然分開的，而是要在不同的年齡階段要有不同的要求。

2. 分層次確定目標

例如，我們要培養一個人"做事有始有終"的習慣，對幼稚園的孩子來講，我們應該要求他們在玩的時候自己把玩具拿出來，玩完以後自己收好；對小學生，就要求他們看書做作業的時候認真仔細，寫完以後自己檢查，然後自己收拾好書本才能去玩；對於中學生來說，就應該要求做事有責任心。從收玩具到做事有始有終，再到責任心，有了這樣比較細緻的要求和層次，培養起來就比較容易進行，孩子也比較容易接受。

3. 目標分解要具體

山田本一的成功表明，目標不僅要分解，而且要具體。有人做過這樣的試驗，他把人隨機分成兩組，讓他們去跳高。兩組個子都差不多，先是一起跳了1.2米，然後把他們分成兩組。對第一組說："你們能跳過1.35米。"而對另一組說："你們能跳得更高。"然後讓他們分別去跳。結果，第一組由於有1.35米這樣一個具體要求，他們每個人都跳得高。而第二組沒有具體的目標，所以他們大多數人只跳1.2米多一點，不是所有的人都跳過了1.35米。由此可見有沒有具體目標的差別。

在習慣的培養中，我們也要學會把大目標分解成小目標，把遠目標變成近目標，把模糊的目標變成具體的目標。學會分解目標並將目標具體化的人，將更容易獲得成功。

九、行為契約法

解釋

從某種意義上說，培養良好習慣也是家庭教育中繁雜瑣碎的＂家務事＂之一。為了幫助我們樹立好習慣，父母必然要對我們每天的言談舉止觀察、監督、指正、表揚或批評，很多孩子也常常覺得自己的一言一行總是被大人＂說東道西＂，父母＂囉嗦＂和＂嘮叨＂很容易激起自己情緒上的對抗。怎麼辦？此時，不妨與父母平心靜氣地坐下來談一談，試一試＂行為契約法＂。

行為契約有兩種類型：單方契約和雙方契約。我們在此只談後者，它是指雙方經過談判，共同協商的一種對雙方行為均有約束力的書面約定，體現了雙方互為強化和互惠互利關係。簽約雙方之間是有相互關係的，如配偶、親子、同學、同事等。雙方都想改變對方的行為，一方的行為改變充當了另一方行為改變的強化物，如果有一方沒有執行約定的行為，就可能導致另一方也不執行協定，整個行為契約法就要失敗。

在習慣培養中運用行為契約的方法，不僅可以進行有效的自我監督、自我控制和自我管教，同時也為父母對我們的監督提供了更為客觀的環境，能省略很多不必要的＂囉嗦＂和＂嘮叨＂，可謂一舉兩得。

在實行行為契約法的過程中，需要我們與父母共同維護契約的約束性，才能不斷強化雙方的良好行為，最終養成好的習慣。

從某種意義上來說，＂行為契約法＂也是在習慣養成中有效改善親子關係的＂潤滑劑＂。它反映了兩個層面的親子關係，即父母與子女之間在教育地位上的平等關係，以及在人格地位上的平等關係。對於我們青少年而言，父母是教育活動的發起者，在教育目標和內容的選擇上體現出自上而下的教育者與被教育者之間的關係，這種不對等關係保證了父母的教育責任和權利。同時父母在生活中也會犯錯誤，也應該接受我們的質疑、監督和批評，還要尊重我們的獨立人格，在這一點上，親子之間又是平等的。

＂行為契約法＂常常用類似公司簽協定的表述方式幫助我們進行自我觀察，建立良好行為，父母因此省去了許多說教，親子之間的情緒衝突大大減少，是科學有效的習慣培養方法。

案例

相信很多人對下面這個故事都很熟悉：

有位12歲的美國男孩踢足球，不小心踢碎了鄰居的玻璃，人家索賠12美元。當時，12美元可以買125隻生蛋的母雞。

闖了大禍的男孩向父親認錯後，父親讓他對自己的過失負責。兒子為難地說："我沒錢賠人家。"父親說："這12美元借給你，一年後還我。"

從此，這位美國男孩開始了艱苦的打工生活。經過半年的努力，終於掙足了12美元，還給了父親。這位男孩就是後來成為美國總統的里根。他在回憶這件事時說，通過自己的勞動來承擔過失，使他懂得了什麼叫責任。

看到這裡，我們很容易想到不少父母慣同的做法：自己上門給鄰居道歉、賠款，回家後對孩子重則一頓打，輕則一頓責罵，有的父母可能會在以後的時間裡不斷地提起這件事情，讓孩子不勝其煩。為什麼不採用行為契約法呢？"這12美元借給你，一年後還我。"其實這就是里根父子之間的一項行為契約，正是這項行為契約的履行，使里根懂得了什麼叫做責任。父親沒有責罵里根，卻讓他受到了更多的教育。

其實，我們完全可以自發與父母進行行為契約。不少媒體都曾報道了河南鄭州某家庭簽"親子合同"的事情：

王寶貝的媽媽一直希望自己的獨生子比同齡人優秀。從上幼稚園開始，她就經常問他一些問題，渴望瞭解他在外面的生活，想幫他少走彎路，做一個懂事聰明的孩子。他上小學後，王女士就更關心了，每天不是問學習，就是問成績，要不就問他與同學的關係，還陪著他做功課。

其實，王寶貝是一個勤奮好學、性格開朗的四年級學生，在班上成績一直名列前茅，是第五屆宋慶齡獎學金獲得者。王寶貝說，他很努力地學習，希望媽媽滿意。本來在學校一天的生活已經很緊張了，回家還要應付媽媽沒完沒了的問題，不回答吧，媽媽就很不高興，他特別無奈。特別是吃飯的時候，媽媽坐在一旁，又是夾菜又是夾肉，還不停地說："兒子，你多吃點蔬菜，補充維生素和纖維"、"兒子，別吃那麼多麵飯，當心發胖"。本來香甜的飯菜，讓媽媽搞得沒了胃口。他說："我已經9歲了，媽媽還當我是不會吃飯的嬰兒。"

於是，新學期開學沒幾天，聰明的王寶貝主動對媽媽實施"行為契約法"。當媽媽又在吃飯時說些老生常談的話題時，王寶貝把筷子一放，站起來鄭重地說："媽媽，咱們簽份合同吧！"

合同是這樣的：

王寶貝和媽媽的協定合同

1. 以後媽媽不在吃飯時間問王寶貝的學習情況；作業不會時，媽媽不許發脾氣，不許敲桌子，要耐心講解；週末晚上給王寶貝放鬆時間，不能硬性規定必須9點睡覺。

2. 王寶貝要主動跟媽媽談心，不亂花錢，不瞞着媽媽做事情，每天洗自己的碗，疊自己的被子。

3. 合同有效期：本學期。

母子倆都簽了字，然後按照協定行事，很快母子關係消除了緊張。媽媽再也不在吃飯的時候問個不停："兒子，今天功課學會了沒有？""老師提問你了沒有？""數學題有錯的嗎？"

王寶貝的變化也很明顯：不亂花錢買玩具，回家主動告訴媽媽當天在學校的情況，按時做作業，自己洗碗，還承擔了全家的掃地任務。

的確，父母長期的嘮叨和囉嗦常常會引起我們的反感，不僅起不到好的教育效果，還會降低他們在家中的威信和地位。其實，對於我們青少年而言，行為規則如"髒衣服不要亂扔，要放進洗衣籃"等一旦約定俗成，就不用三令五申，只要照章考核我們的行為就行了，如果沒有達到要求，還可以運用約定的較為公平的懲罰手段，這比不斷的嘮叨和提醒要有效得多。

這個媽媽的做法是很聰明的。她沒有像其他的母親那樣看到自己的孩子一個小時站起來六回，就跟他說，"兒子，寫作業要專心，不許站起來！"越不想孩子站起來，孩子就越想站起來。看着他，他忍着；一離開他，他拚命地站起來不下十回！習慣是一種神經系統的改變，對一般人來說，不可能一刀斬斷。這個媽媽沒有要求兒子馬上改變，而是與兒子來了個約定，這也是一種"行為契約"。

行為契約是作為一種教育方法或手段意義上的"君子協定"，即使它並不像法律條文那樣嚴格、正規，但對父母和我們青少年都具有約束力，避免了口說無憑和隨意更改，體現了親子之間誠信、相互尊重和平等的人格關係。

所以，和父母確立正式的、具有約束力的契約條款，是運用好行為契約法的首要條件和重要保障。行為契約條款的確立，要遵循以下幾條原則：

1. 彼此尊重

在家庭教育中，雖然父母是教育者、青少年是被教育者的身份，這種形式上的"不平等"並不能抹煞我們與父母在獨立人格上的平等。我們要尊重父母，同時也要向父母說明，請他們尊重我們的人格權利。其實，有的父母不簽契約，可是心中卻有一個永恒的契約——"我生你、養你、教育你，你就得聽我的，這還需要簽什麼協定、契約？"這樣的想法就是不對的。

2. 相互制約

行為契約條款要以自己和父母的客觀實際為準，並具有一定的制約性。如父母要求你每天做完作業後可以看電視，這並不表示就可以無節制地看，如果缺乏一定的時間上的制約，很可能對你的身體健康和學習生活帶來不利的影響。其次，我們的良好行為要對父母的"不良"行為具有一定的制約性，比如只要自己做到了某些條款，父母就不應該就某個問題猛追猛打等等。

3. 要求詳細

確定行為契約時，不妨開個家庭會議，充分尊重各方權利、綜合各方面意見後列出各項條款。各項條款要詳細具體，不能毫無指向，比如要養成清潔衛生的習慣，最好分成家庭中和公共場合兩大部分的要求，家庭中又可以進一步細分，如勤換衣服、勤剪指甲、飯前洗手等等。

行為契約最好以書面形式出現，契約牽涉到的成員人手一份，並且簽字。對於一些短期的行為，在確定雙方都能遵守的情況下，也可以使用口頭承諾的形式。

操作方法

王寶貝和媽媽之間是親子關係，他們的書面協定都考慮到了對方的行為需要，王寶貝的行為按協定做，媽媽就不囉嗦，反之亦然。王寶貝和媽媽成了利益共同體，他們既監督對方又加強自我管理，自尊且相互尊重，改變了以往的交往模式，雙方都很有成就感，都很愉快。

那麼，如何操作一個行為契約呢？一般要注意以下五個方面：

1. 確定目標行為

行為契約的目標可以是減少不適宜或不良行為，也可以是增加適宜或良好行為，或者兩者兼有。

目標行為必須是客觀的、可操作的，不能含義模糊、靠推論。比如，王寶貝和媽媽的協定的第1條如果寫成："以後媽媽不能囉嗦。"第2條如果寫成："王寶貝得聽媽媽的話。"行為契約就不好執行了。遇到一件具體事情的時候，親子之間有很大的餘地可以爭辯或"耍賴"：我就說這一句話也算囉嗦嗎？我這麼做難道不是聽你的話嗎？

2. 規定確認目標行為的方法

既然簽約雙方要對目標行為相互監督，那麼目標行為出現或者沒出現，就要有一個雙方都認同的自測方法。

常見的方法有直接觀察的行為文件和固定的行為產物。前者如家庭作業本，後者如案例中的"不在吃飯時間問"、"不許敲桌子"、"不能硬性規定必須9點睡覺"、"不亂花錢"、"每天洗自己的碗，疊自己的被子"。這些行為目標清晰明確，雙方都不會扯皮。

當然，王寶貝的協定是自發行為，與嚴格的"行為契約法"稍有距離。比如，他在契約裡也出現了一些模糊的、難以操作的用詞："王寶貝的學習情況"、"主動跟媽媽談心"、"不瞞着媽媽做事情"。這些目標行為的確認實施起來會出現隨機性和主觀性。

3. 確定行為契約的有效期

對於較難形成或較難改變的習慣，最好確定一個較長的有效期，並在有效期內劃分出幾個較短的考察期，每個考察期都制定相對具體的考察目標，每一目標的要求逐級遞增，不要忽高忽低，以免在執行過程中無所適從。

4. 確定強化和懲罰的跟隨條件

簽約者執行的是適宜行為，得到契約中明確規定的強化，如果是不適宜行為，契約中也要明確懲罰後果。王寶貝是個上六年級的大孩子了，他的跟隨條件不是具體的物質，而是相互之間的行為依賴，即一方的行為改變成為另一方行為改變的強化物。他們都比較自信，也相信對方，因此，懲罰細則就省去了。

5. 契約雙方簽字

雙方簽字雖然看起來只是一個形式，卻很有存在的必要。由於教育關係的存在，父母和孩子在家庭中的地位往往是不對等的。如果父母以"你是我生的孩子，我就得這樣來教育你"等話語來違反行為契約，孩子很可能懼於父母的權威不敢繼續執行契約內容。而雙方的簽字，有利於孩子建立起"父母與我是平等的"的觀念，利於行為契約的順利執行。

十、刺激控制法

解釋

　　行為心理學把環境表述為"刺激"，它認為，某個刺激能使孩子產生相應的行為，而另一刺激就不會引起相同的反應。因此，控制了這個刺激，也就控制了孩子的行為。而通過行為分析跟隨行為發生的種種事件，以瞭解行為發生的原因，從源頭上控制行為習慣形成的因素的行為習慣培養方法，就叫做"刺激控制"，也可以叫做環境改變法。

案例

　　大家都知道，不同的環境能讓人養成不同的習慣。曾經有一個童話故事這樣寫道：

　　有位國王的前妻因病去世，留下一位美麗的女兒，後來國王娶了後妻，也生了一個女兒。作為繼母，她心中十分討厭前妻的女兒，總想將其置之死地而後快。為了達到這個目的，陰險而又"聰明"的繼母最大可能地讓前妻的女兒享受榮華富貴，過着飯來張口、衣來伸手的生活。這樣她不僅博得了國王的歡心，還贏得了眾人的稱讚。

　　前妻的女兒整日盡情地吃喝玩樂，驕橫無禮，還時常拿異母的妹妹出氣。每當這時，繼母總是袒護讚賞她。在這個家庭中，前妻的女兒是至高無上的公主，而繼母的親女兒則被趕到田裡去幹活，做着僕人的事情，歷經種種磨難。十幾年過去了，兩個女兒都到了婚嫁年齡。一位英俊的王子來到這裡，一下子便愛上了繼母那位端莊勤勞、聰慧善良的女兒，十分蔑視地拒絕了那位愚蠢懶惰、驕橫自私的前妻的女兒。繼母的女兒由此得到幸福，而前妻的女兒則因受此打擊而精神崩潰，無地自容。

　　故事中，國王的後妻就是利用不同的生活環境及"刺激"使兩個女孩的行為得到不斷的強化：前妻的女兒由於榮華富貴環境的不斷刺激，愚蠢懶惰、驕橫自私的行為習慣也得到強化；後妻的女兒由於磨難環境的不斷刺激，端莊勤勞、聰慧善良的個性得到發揮，最後形成良好習慣。

　　無獨有偶，中國閩劇中有一個傳統劇目叫做"狀元與乞丐"，說的是一母生下了兩個兒子，"算命"先生斷言：其中一位是狀元命，另一位是乞丐命。結果母親對那位未來的"狀元"百般呵護，讓他過着飯來張口、衣來伸手的生活，逐漸成了一個不學無術之輩；而那位命裡注定的"乞丐"，母親讓他下地幹粗活。結果，乞丐命的兒子由於經受過種種生活的磨練，逐漸成長為一位吃苦耐勞、勤奮好學的小伙子。最終，有着"乞丐命"的兒子考取了狀元，而命裡注定是"狀元"的那位孩子卻成了乞丐。可見，環境的改變和強化是習慣養成的搖籃，也是命運改變的開始。

人們常常說"近朱者赤，近墨者黑"，"孟母三遷"的故事，就是為了避"墨"近"朱"。法國著名作家、1947年諾貝爾文學獎獲得者紀德的成長，就得益於其母親的努力：

紀德於1869年出生於巴黎豪門，由於父母都是新教徒，所以他從小受到許多宗教戒律的束縛。母親更是立志要把他培養成一個有所作為的人。

在母親的啟迪下，紀德從小就喜歡問為什麼。甚至有一次，為了解開萬花筒的秘密，他把萬花筒拆得七零八落，但是母親並沒有責備他，而是支持他，給他嘉許。這進一步刺激了紀德的求知欲。由於自小家裡管束很嚴格，紀德一上學就表現出極強的逆反心理，他討厭老師、討厭同學、討厭學校、討厭上課。經常在課堂上公然與老師對着幹，這一切都使他的父親和老師感到難以忍受。但是他的母親卻再次表現了對他的寬容。母親表示充分理解他的行為，但也告訴他絕對不能放棄學習。

在她對紀德的培養過程中，做得最為獨特的一件事情，就是不斷地搬家，並且相應地為紀德更換學校。這一方面能讓紀德在更好的學校中得到更好的教育，另一方面也有利於紀德認識更多的朋友，培養其交際能力和適應能力。果然，成年後的紀德在這兩方面都做得非常出色，經常周遊歐洲，而且遊歷世界各地，使他具有了豐富的經歷和寫作素材，最終獲得了諾貝爾文學獎。

的確，環境對於孩子的成長具有很重要的影響，如果生活在一個文化環境濃厚的環境裡，孩子自然就會養成閱讀的習慣，而如果生長在文化沙漠，那就很難形成對學習的熱愛，除非他有強大的內在動力。

很多習慣的養成都與環境有着密切的關係。來自環境的刺激很容易影響青少年的行為。比如，父母都相信"業精於勤毀於嬉。"尤其是到寒暑假了，大人都上班了，只有孩子在家，所以很擔心孩子整天玩，把學業荒廢了。到底應該怎麼辦呢？我們來看一看下面這個例子：

賈凱是個聰明的男孩子，上五年級，父母認為他的缺點是愛玩，管不住自己。整個小區的同齡孩子很多，他們大多數都在小區裡的同一所學校上學。眼看就要放暑假了，如果不加強管理，人緣很好的賈凱還不玩瘋了！平時雙休日就是這樣，賈凱花在學習上的時間很少，作業寫完了，不是看電視、玩電腦，就是有很多小朋友打來電話約他出去玩。有時剛安靜下來寫作業，就會停下來和小朋友去做些更有趣的事情。

為了幫助賈凱在暑假有玩有學，加強自我管理，爸爸媽媽與他一起訂了一個暑假計劃。

（1）每天上午8：00～10：00和下午3：00～5：00是學習的最好時間，不准出去玩，上午8：00～8：45和下午3：00～3：45做語文、數學或英語暑假作業，上午9：00～9：45和下午4：00～4：45讀課外書。其他時間可以在小區內自由玩耍。

（2）只能在書房裡學習，不能在客廳裡讀書。學習的時候，書房裡的電話線拔掉。

（3）把前兩項規定告訴自己的小玩伴，請他們配合，不要打電話或者敲門來找賈凱玩。

（4）同班同學李欣每天都堅持學習，每週找他兩次，與他聊完成學習計劃的情況，交流知識和感受。

（5）把一週要寫的作業和要讀的課外書放在桌面上，而且桌面上不能有手工、玩具、零食。

（6）在房間日曆上標出每天寫的作業和所讀課外書的頁碼，這樣可以清楚地看出每天做了多少實實在在的事情。

（7）每天晚上爸爸媽媽檢查賈凱的完成情況，如果一週之內五次都完成得很好，雙休日兩天都可以帶他出去游泳；如果只有四天完成得好，雙休日只有一天帶他游泳；否則，取消游泳，並且雙休日呆在家裡彌補沒有完成的計劃。

通過分析，賈凱的父母認為，賈凱貪玩、花在學習上的時間少這種行為習慣受到以下一系列刺激的控制：沒有明確的學習時間、學習地點隨意（在客廳學習注意力很容易分散）、同伴約他出去玩的電話太多、書桌上有分心的玩具和雜物、交的小朋友都是愛玩的……這些刺激的存在讓賈凱學習行為大大減少，只有改變這些刺激，才能改變賈凱的行為習慣。只有重新呈現刺激線索，才能激發相應的新行為。

操作方法

具體來說，刺激控制法有6種操作方法。

1. 呈現期望行為的刺激線索

期望行為沒有出現的原因之一可能是這個行為的刺激線索沒有在環境中出現。當考慮用刺激控制法來增加期望的適宜行為時，要仔細分析有哪些對這種行為產生刺激作用的線索或者條件可以利用。通過呈現這種行為的線索，期望行為出現的機率就會大大增加。

2. 為期望行為安排效果建立

建立一種效果就是使一種刺激對行為的產生具有強化作用，這樣，當一種效果建立呈現的時候，這種刺激而產生的行為受到強化。例如，跑步後大量出汗就為喝水安排了效果建立，加強了飲水這種行為；飯前不吃零食為吃飯安排了效果建立，加強了吃飯這種行為。可見，使期望行為更易發生的方法之一就是為行為的結果安排效果建立。賈凱父母的第7條措施就是為孩子學習安排效果建立。

3. 減少期望行為的反應難度

眾所周知，反應難度小的行為比反應難度大的行為容易發生，可以利用行為發生的這一規律，為期望行為降低反應難度。比如第5條措施就是這個道理。

4. 消除非期望行為的刺激線索

第2和第3條措施就是為非期望行為（貪玩）消除刺激線索。賈凱告知小朋友自己的學習時間，並讓他們不要來敲門或打電話來約他出去玩，即使打來電話也沒有用，因為電話線拔了，這些刺激線索（同伴的誘惑）消除了，賈凱貪玩的行為就可能大大降低。

5. 消除非期望行為的效果建立

如果非期望行為的結果得不到強化物，人們就不大會從事這一行為，因此，消除非期望行為的效果建立，可以減少它發生的機率。例如，愛吃零食這個非期望行為的強化物是不好好吃飯，上課打盹這個非期望行為的強化物是每天睡眠時間不足，要想消除愛吃零食、上課打盹的效果建立，就得每天吃飽飯、睡好覺。

6. 增加非期望行為的反應難度

避難就易是人類行為的普遍法則。比如，暑假期間，某大學教師的兒子天天晚上和爸爸媽媽一起看電視連續劇，到開學還有很多集演不完。為了讓自己收心，在開學前一個星期，他每晚都請爸爸陪自己到大學生自習室學習，在這裡可以看他喜歡的卡通書。若想看電視就比較費事了，先得收拾書包，再從自習室走到家，還不如就在這裡痛痛快快地看卡通書呢。因此，到自習室學習有兩種功能：既消除了非期望行為的刺激線索，還增加了它的反應難度。

十一、家庭環境薰陶法

解釋

家庭環境薰陶法就是在日常生活中長年累月、潛移默化地薰陶，使人養成良好的習慣，形成良好的感情，是一種以隱形教育為主的間接教育法。

就學校、家庭、社會三維環境而言，孩子在家庭中度過的時間有1/3之多。而且，對於心智正在發育的青少年來說，家庭的影響甚至超過了社會。因此，為了培養孩子的良好習慣，我們要努力創造一個良好的家庭環境。

案例

中國科學技術促進發展研究中心的張九慶先生認為，不管是來自什麼背景的家庭，科學家從小的好奇心、興趣和後來的職業選擇通常都得到了家庭成員的鼓勵和支援，這些家庭成員有的是父親，有的是母親，有的是叔父，有的甚至是祖父母。家庭的良好環境為科學家們形成獨立思考、自主學習、善於創新的習慣打下了很好的基礎。

他在《自牛頓以來的科學家——近現代科學家群體掃描》中分析了一些著名科學家的家庭環境。他寫道：

英國物理學家開爾文勳爵的父親是數學教授，父親的影響是從小培養了兒子對數學與物理學的濃厚興趣，並引導兒子把研究數學同解決物理學的新問題結合起來。

俄國化學家、化學周期表的發現者門捷列夫出生後不久，父親就雙目失明了，不僅沒有經濟收入還要花銷醫療費，但他的母親仍然堅持送孩子上學。當門捷列夫展現出才能後，由於當地沒有好的大學，母親把家從西伯利亞先遷到莫斯科，後又遷到彼得堡，在門捷列夫遭到莫斯科大學和彼得堡大學拒絕後，最終母親把門捷列夫送進了師範學院。

因發現氫氣獲得1904年物理獎的瑞利勳爵出生在英格蘭一個教育非常落後的地方，小瑞利和別的孩子一樣打鬧貪玩。為了改善孩子的學習環境，父母決定遷居首都倫敦。由於初來乍到不適應倫敦的氣候，小瑞利臥病在床，父親又給他請來家庭教師，在家庭教師的幫助下，瑞利的成績迅速趕上。

超導現象的發現者昂內斯的父母為了培養他的興趣，特意騰出閣樓作為他專用的"天文台"和"實驗室"。一次,昂內斯做實驗時不小心使實驗室着火,燒着了半座樓房,但他的父母並沒有責怪他,反而鼓勵和支持他繼續自己感興趣的實驗。

比埃爾·居里的父親是一個醫生,但常常研究科學。他認識到孩子喜歡獨立思考,擔心學校的常規教育和訓練會束縛孩子的思維,決定不送兩個孩子上小學和中學。他們的父母先是在家裡親自進行啓蒙教育,後來又為他們請了一位學識淵博的家庭教師。1903年比埃爾·居里與妻子居里夫人獲得1903年的諾貝爾物理學獎。

德國著名化學家、1927年化學獎獲得者魏蘭德的父親因為出生在銀器首飾製作世家,需要兒子們學習繼承父業,不許他們上學讀書。魏蘭德的母親出身於書香門第,堅決要求兒子上學,為此和丈夫發生了分歧,最後母親只好把魏蘭德送到娘家上學。

瑞士著名外科醫生科歌爾在24歲獲得醫學博士學位後,打算自己掛牌行醫。正在這時,科歌爾的外祖父認為科歌爾是一位高材生,具有進一步深造爭取成大器的條件,就勸他繼續學習。後來科歌爾接受了外祖父的建議,回到母校從事教學與研究工作。1909年,68歲的科歌爾獲得諾貝爾生理醫學獎。

古斯塔夫·赫茲(小赫茲)的叔父亨利希·赫茲(老赫茲)是用實驗證明了電磁波發生和接受的德國著名的物理學家。小赫茲的母親經常帶他到叔父家去玩,有意識地讓小赫茲接受叔父的影響和教育。儘管老赫茲研究工作十分繁忙,當他發現小赫茲也像自己一樣喜歡數學和物理時,就特地抽出時間對小赫茲進行基礎啓蒙教育。小赫茲在自己26歲時就與弗蘭克分享了1925年的諾貝爾物理學獎。

德國化學家畢希納是農民家庭出生,父親從兩個兒子懂事時就給他們講述祖輩缺少文化的艱難。為了讓兩人有較多的時間安心學習,父母和姐姐承擔了全部農活和家務,只要看見他們在讀書,就不讓他們幹活。後來,兄弟倆先後考上慕尼黑大學。因對發酵過程的深入研究,比希納於1907年獲得諾貝爾化學獎。

好的家庭背景,如父母的勤勞、對文化知識的尊重、與成功學者的長期接觸、家庭中的寬鬆平等、高雅的審美情趣、對事業的執着精神等,都是家庭環境的一部分。著名的科學家們在這樣的環境裡長大,他們受着潛移默化的影響,從而造就了傑出的一生。

感動孩子、激發孩子,幫助孩子發現讀書的願望,其實就是在悄悄地為孩子營造一種讀書的家庭環境;美化家居、使家中的擺設整齊化、條理化、知識化,就是在培養孩子用過東西放回原處等良好習慣；陽台上的花草蟲魚，也是在悄悄給孩子美的享受，使孩子熱愛環境，並培養觀察能力；小小的學習園地，既讚揚了孩子，又給孩子無聲的鞭策……這些細小情節都構成了家庭環境，都在默默地幫助父母培養孩子良好習慣。能夠傳遞社會價值觀念、行為方式、態度體系以及社會道德規範的，不僅僅是父母的語言和行為，父母的心態、家庭中的實物環境、心理環境、人際環境等都是影響少年兒童行為和心理發展的重要因素。因此，當培養良好習慣的時候，一定要從廣泛的家庭環境着眼。

操作方法

1. 物質環境薰陶

我們所說的物質環境並不是說要求家裡的陳設多麼豪華，而是在現有條件下使居室整潔、衛生、井井有條，這對我們養成良好習慣是有好處的。比如如果家裡條件允許，可以請求父母為自己提供一個書桌、一個書櫃、書桌上放置枱燈等，這對我們培養良好的學習習慣很有好處。家裡房間佈置美觀、大方、整潔、衛生，對提高家人的精神面貌也是有利的。

2. 精神環境薰陶

家庭的生活方式和文化氛圍是構成家風的重要方面。家風作為一種綜合的教育力量，是思想作用、生活習慣、情感、態度、精神、情趣以及其他心理因素等多種成分的綜合體。正如法國教育家盧梭所說，生活本身就是一種教育。

現在有些家長太過於重視物質環境，為了孩子有個良好的學習環境，大寫字枱、新型電腦、變光枱燈、成盒的橡皮、整綑的鉛筆、一包包的練習本，但是孩子仍然留了級。為什麼？就是只有物質環境，缺乏良好的精神環境。母親成天熱衷於塗脂抹粉，家裡出入的朋友五花八門，在一起談論的是吃喝玩樂……這對我們青少年的成長很不好。如果你發現自己的父母身上有類似的缺點，不妨明確告知他們你的想法，讓他們認識到這樣做的壞處。

優良的家風是家庭各個成員共同努力的結果，別忘了，這其中也有你的一份責任！

十二、自我教育法

自我教育法是在父母的指導下，自己教育自己以形成良好的品德和習慣的方法。這一方法的實質是自我修養。

任何教育最終必須變成我們自己的認識、自己的情感、自己的意志和自己的行動。因為教育的過程是個內化和外化的過程，先由外而內，再由內而外。真正的教育是能夠促進我們的自我修養的，凡是不能引發我們自我教育、不能促進自我修養的教育都不是真正的教育。

自我教育是我們進步的內部動力，青少年時期是我們開始對人的內心世界發生興趣、開始認識人的內心世界和行為動機，並萌發自我意識的時期，這就為我們進行自我教育提供了可能。運用自我教育的方法進行習慣的培養，更符合我們青少年的心理要求，更能發揮我們的主觀能動性，避免逆反心理的產生。

自我教育法要求我們在習慣養成的過程中，在正確認識周圍世界的同時，正確地認識自己，並進行自我約束，經過刻苦的鍛煉，使自己的行為變得更加高尚，內心世界變得更為美好。

從人的成長過程來看，自我教育能力也是人在社會化過程中不可缺少的重要能力。任何一個健全的人，從生到死都在不停地進行社會化，否則他將與社會發展不相協調，最終為激烈的社會競爭所淘汰。而"終身社會化"的機制，主要是自我教育能力的表現。目前，人們對人才所提出的"資訊能力"、"應變能力"、"參與意識"、"競爭意識"等的能力要求，無一不與自我教育能力密切相關。因為這些能力都體現了順應客觀形勢的不斷變化，積極主動地進行自我調控以適應社會環境這樣一種基本素質。

自我教育首先要對自己有正確的自我評價。自我評價是在父母的指導下運用一定的道德和行為標準，對自己的行為進行分析、判斷的過程。正確的評價自己能夠幫助我們確定合理的方向，不斷強化自身積極的方面，抑制自身消極的方面。這種方法具有較強的約束作用，迫使我們不斷調整自己的行為，以達到自我約束的目的。

獲得良好的自我評價，一個重要方法是保持自信的態度：

在1949年，一位24歲的年輕人，充滿信心地走進美國通用汽車公司，應聘做會計工作，他只是為了父親曾說過的"通用汽車公司是一家經營良好的公司"，並建議他去看一看。

在應試時，他的自信使助理會計檢察官印象十分深刻。當時只有一個空缺，而應試員告訴他，那個職位十分艱苦難當，一個新手可能很難應付得來，但他當時只有一個念頭，即進入通用汽車公司，展現他足以勝任的能力與超人的規劃能力。

應試員在僱用這名年輕人之後，對他的秘書說，"我剛剛僱用一個想成為通用汽車公司董事長的人！"

這位年輕人就是從1981年開始出任通用汽車公司董事長的羅傑‧史密斯。

羅傑剛進公司的第一位朋友阿特‧韋斯特回憶說："合作的一個月中，羅傑正經地告訴我，他將來要成為通用的總裁。"

高度的自信和自我激勵，指引着羅傑朝成功的方向邁進。事實上，積極的自我評價，對自我約束、自我監督、自我檢查、自我提高都很有幫助。

自我體驗是自我教育的一個重要方面，也是我們進行個人修養的重要方面。自我體驗能幫助我們獲得對外界事物的更深刻的認識，從而堅持自己的行動。美國的希爾博士在他所著的《人人都能成功》一書中寫了這樣一個故事：

63歲的菲利皮亞夫人，決定從紐約市步行到佛羅里達州的邁阿密市去，這段路程大約相當於北京至香港的距離。當她到達邁阿密時，記者問她是如何鼓足勇氣徒步旅行的，她回答說："走一步路是不需要勇氣的。""我就是邁出一步，再邁一步，不停地邁，就到這裡了。"

自我控制、自我約束是自我教育的重要一環，是我們運用意志力自覺掌握和支配自己行為的活動，有沒有自我約束力和自我調控能力是自我教育成敗的關鍵，也是一個人成熟與否的標誌：

青年時期的林肯，在同別人合夥開店舖時，意外地從廢物堆裡撿到一部《足本法律評注》。讀完這本書以後，林肯受到了啟發，他給自己確定了目標——當一名律師。為此，他穿越草原，到20英里外的春田鎮向一位律師借閱其他法律書籍。他刻苦鑽研，心無旁騖。白天，他在小店的榆樹下看書；晚上，他用廢料點燈，在製桶店裡讀書，無論何時何地，他的手中或腋下總有一本法律書籍。有一天，一位叫曼塔‧葛拉罕的人對林肯說："若想在政界和法律界發迹，非懂文法不可。"林肯便立即詢問到哪兒去借這類書。當他聽說六英里以外的農夫約翰‧凡思有一本《科克罕文法》之後，便立即戴上帽子去借書。就是這樣，林肯很快成為一名出色的律師。

　　自我鍛煉是自我教育的重要內容。一個人的個人修養要以行為舉止來體現，也要靠行為實踐來實現。一個人只有在參加社會實踐中才能鍛煉成才，所以我們進行自我教育，不能脫離實際，而要在各種活動中、在實踐中增強個人修養，培養個人的能力和習慣。

操作方法

1. 樹立自我教育能力的信心

　　首先，我們自己要樹立起自我教育的信心，同時請父母對我們的自我教育能力有信心。父母往往認為我們年齡小，成人不跟着管理是不行的。但教育學認為，每一個人都是一個獨立的個體，他們的生命都應該受到尊重，如果給個體發展的環境，他們都有能力對自己進行自我管理和教育。因此，要說服父母，請他們對我們有信心，相信我們會有上進心，相信我們的能力。不要因為我們年齡小就包辦一切，應多提供讓我們自己動手的機會。同時，我們還要在生活中尋找機會，提升自己的能力，讓父母感受到我們自己能行。這樣，信心就漸漸地建立起來，我們就會擺脫對父母的依賴性，增強自我教育的能力。

2. 努力培養自尊心和上進心

　　自尊和上進是個體不斷追求發展和進步的內在動力。有了較強的自尊心，孩子就會不斷挖掘自身的潛能，向着最佳的方向自我發展。蘇霍姆林斯基曾說：自我教育需要有非常重要而強有力的促進因素——自尊心、自我尊重感、上進心。當培養好習慣遇到困難的時候，不妨先給自己一些自尊和自信，也許你會發現，其實磨刀不誤砍柴工。

3. 樹立行為標準，正確認識自己

　　自我教育的基礎是自我認識，自我教育首先從自我認識開始，沒有自我認識，自我教育就無從談起。

　　要進行自我教育，應該確立一個行為標準。這個標準不是父母給我們樹立的，而是應該在父母的幫助下由我們自己樹立。標準的高低取決於我們對自己的準確認識。一個人如果不能客觀地認識自己，對自己的要求有可能太高，或者太低。如果對自己要求太高，可能會沒

有力量達到標準，因而內心氣餒；如果對自己的要求太低，則失去了向上的動力。所以，對自己提出要求的時候，要 "跳一跳，夠得到"，就是這個意思。

4. 學會自我評價

自我評價是自我教育的一個重要形式。自我評價就是要我們按照自己的目標或者是父母、教師的要求來評價自己的行為。自我評價是自我教育的重要環節，在自我評價的過程中，會認識到自己的缺點和不足，並進行自我反省，從而強化自我積極的行為，克服消極的習慣行為。評價自己和認識自己是相輔相成的，評價自己的過程也是認識自己的過程。反之，正確地認識自己才能更好地評價自己、反省自己。

在這方面，我們可以和父母一起進行一些具體的操作，比如，和父母一起設計行為評價表格，每天和父母一起在表格中對自己的行為進行評價等。有的老師幫助學生採取 "自我教育週計劃"，並指導學生們用今天的反饋來矯正明天的行動，進行自我調控。還有的老師指導學生進行分層的自我教育，幫助學生提出了各層次的目標，和學生們一起商量達標的重點、難點及達到各層次的措施。這樣分層進行 "自我教育"，使學生明確自己的每一天在做什麼，或者將要做什麼。這種做法，教會學生和自己競爭，對調動學生的主觀能動性和內驅力、開發自我潛力有很大幫助。

5. 請父母給予恰當指導

林格倫說："兒童需要管教和指導，這是真的，但是如果他們無時不刻和處處事事都在管教和指導之下，是不大可能學會自制和自我指導的。"自我教育不等於父母放手不管，恰當的指導是很必要的，要把教育和自我教育結合起來。我們青少年畢竟年齡還小，習慣培養又是一個長期要進行的教育工作，因此，要請父母給予我們適當的指導，把道德認知和道德情感、道德體驗結合起來進行，發現我們好的行為，父母要及時鼓勵，當我們身上出現了不良習慣，父母要及時幫孩子認識不良習慣的危害。這樣，才能不斷提升孩子的思想道德認識。

此外，在我們進行自我評價的時候，要及時請父母參與，不僅進行自我評價，家庭也要及時對我們的行為進行評價和監督，這樣才能幫助我們更快地養成好習慣，矯正不良習慣。

十三、拿好行為"購買"獎勵——代幣法

解釋

行為學認為，每當孩子出現適宜行為，教育者若能及時給予肯定或獎勵，他發生這種行為的機率就會大大增強。但是，如果孩子的每一次、每一個好行為都得到獎勵的話，教育者就會應接不暇。於是，行為科學就採用籌碼制度來解決這個難題。這種籌碼（即"代幣"）就像電子遊樂場用來代替硬幣的銅板，孩子每一次好行為都可以得到一枚"代幣"，當"代幣"積累到一定數目就可以換取某種獎勵，這就是代幣法。

拿好行為"購買"獎勵，有利於刺激我們保持良好行為的積極性，使良好行為的持續出現成為可能，最終導致良好行為習慣的養成。對於我們青少年而言，物質的刺激和獎勵雖然不是最終的目的，但它在一定的階段卻能成為一種值得利用的動力。

代幣法需要在父母的幫助下進行，因為我們青少年的社會實踐能力有限，無法為自己提供足夠的獎勵，父母此時不僅能在精神上給予指導，也能在物質上為我們提供相應的幫助。

使用代幣法要警醒的是，不能因為物質利益的誘惑而忘記該方法的主要目的，即不能陷入對物質的追求而忘記了我們最終的目的是培養良好的習慣。歸根結底，代幣法只是一種可供我們利用的手段，如果過分強調獎勵，則很容易陷入本末倒置的尷尬境地，非但形不成期望中的良好習慣，反而會沾染上壞習氣。

案例

曾經在一本書上讀到下面這個故事：

當母親開車離去，十一歲的比利站在路邊哭了起來，她母親是一個吸毒者，現在他必須跟阿姨一起生活。阿姨對照顧他也沒什麼興趣，比利得一個人孤零零地，靠著壞掉的花生奶油、麵包過活。晚上他大部分時間都在聽隔壁五個小孩的聲音：他們的嬉笑聲，還有他們母親送他們上床睡覺的堅定聲音。

星期天早上，當鄰家的孩子們擠進車子準備上教堂做禮拜時，他們的媽媽注意到比利在前廊那邊看著她的孩子。他看起來像個麻煩人物，不馴的表情，瘦瘦的身子骨上鬆鬆地掛著邋遢的衣服。這孩子過的是什麼樣的日子？他讓她很是不安，然而她又看到他一雙黑眸裡流露出的

憂傷。

做禮拜時，比利的臉仍在她腦海裡縈繞不去。當他們回到家時，他還在那裡，眼光一直跟隨着嘰嘰喳喳下了車的孩子們。

當兒子西索停下來問他"你叫什麼"時，西索的媽媽的注意力也被吸引了過去。

"比利。"

"你幾歲？"西索問他。

"十一，快十二了。"比利說道。

"我也是，想到我們家來嗎？等下我們換好衣服要去打棒球。"

西索的媽媽咬着嘴唇盯着比利隨西索進屋。

次日下午，比利在放學後跟西索回了家。

"比利的阿姨不在家，所以我要他來這裡。"西索說。

但是比利不太能配合家裡人的步調，孩子在做功課時，比利不專心；當大家想專心時，他卻毫不體貼地還在說話，不但口出穢言，還威脅比較小的孩子。一種酸腐的感覺在西索媽媽胃裡發酵：比利不會對她的孩子有什麼太好的影響。

第二天，開校車剛下班的西索媽媽看到比利在公寓前提來提去，嘴上叼着一根煙。他看到她時，就低着頭走開了。但這只讓她更加不喜歡他。那天晚上打完棒球後，比利跟西索一起進了門，兩個男孩子在場上發現一種昂貴的網球鞋，想讓西索媽媽看看。

"我哪天一定要買雙這種鞋，"比利吹噓，"我一定要得到我想要的錢。"

西索媽媽聽到這話顫抖了起來，她可以想像比利會怎麼弄到那些錢來買他要的東西，她害怕他會變成那種人，而她自己並不喜歡這樣的人。西索羨慕地看着比利和那雙閃亮亮的鞋子，這讓西索媽媽非常生氣，她不希望比利帶壞自己的孩子。

比利離開後，她告訴西索："我不准你跟比利一起閒逛，他不會帶你走正路的。"

西索的臉罩上一層陰霾："不要，媽媽，比利有些地方很好的，我知道，他需要我們啊！"

西索媽媽搖搖頭，她非常堅決，她的家人比較重要，比利對他們來說充其量只是個壞消息。那天晚上她夢到，比利在她開車走掉時哭了起來。他轉向她，但她只是搖搖頭。在她的夢中，一個年紀比較大的比利面對她，面罩寒霜，眼神冷冷的，穿着最昂貴的網球鞋，苦惱地盯着她看，胸口有一個子彈造成的傷口，然後他倒了下來……

西索媽媽起床走到廚房開始煮咖啡，在她夢裡的那個比利仍清晰可見。比利的未來懸如一條細細的線，她可以拉得很緊，也可以把它放到風裡不理不睬。如果有天她發生了什麼不測，她知道自己也會希望有人能夠這麼對西索。

那天晚上稍晚，當西索走進廚房時，她說："你對比利的看法是對的，但要守點規矩，你放學後帶他回家，我想跟他說些話。"

那天晚上，西索媽媽把比利拉到身邊："你是個好孩子，我希望我們可以變成朋友，但有些規矩你得守，你每天要跟西索一起回家；做功課時不要說話，如果有問題的話，就問我；你和西索要幫我準備晚餐，你可以留下來跟我們一起吃。如果你努力工作，認真唸書，有天你就會得到你想要的那雙鞋。"

比利盯着西索媽媽的臉看，她接觸到他搜尋般的眼神，然後他點點頭。

西索媽媽拍拍他肩膀："這並不容易，如果你不認真的話，我就把你送回家，但我真的希望你選擇留下來。"

比利為了測試西索媽媽的反應，馬上就回了家。但隨着一週一週過去，他留下來吃晚飯的次數越來越多，星期天時也會跟大家一起去教堂。

這樣過了幾年，比利改變了，冷酷不見了，他信任西索媽媽，只要一有問題就會去找她，西索媽媽也會跟比利的老師保持聯絡，並且觀察他在學校的表現。

高中畢業典禮那天，西索媽媽幫他拍照時，比利露齒笑了，拉起長長綠袍一角，露出他給自己的禮物，那是他用夏天時打工存的錢買的。當西索媽媽看到新網球鞋時，不禁淚水盈眶。

這是一則很能觸動人心的故事。"媽媽"是善良的，更是智慧的，她堅定地守護着小比利。她巧妙地利用了小比利渴望朋友、渴望溫情的心理，以"留下來吃晚飯"作為"代幣"，持續地刺激小比利的良好行為的出現，最終成功"改造"了小比利的壞習慣，那雙"新的網球鞋"則是天然的強化物。

嚴格說起來，上面的例子還算不上真正意義上的"代幣法"，但我們無疑能從中受到很多啟發。

很多父母大概都思考過同一個問題，即怎樣讓孩子過一個充實的暑假，既按時按量完成作業又養成幹家務活的好習慣。有一個在公司做管理工作的爸爸是這樣訓練孩子的：

陳彤上小學六年級，該放暑假了，爸爸認為這是鍛煉孩子自立自律的好機會，可以為他上寄宿制初中做好準備。他在公司人力資源部工作，對員工的激勵與約束機制非常明瞭。於是他與兒子商量暑假要做哪些事情，並設計了一個良好行為量化考核表。

陳彤良好行為量化考核表

備註：做到劃 ✓，否則劃 ✕，本週累計得分：（　　）

……

這10項行為要求都是為將要上寄宿制學校的陳彤學會獨立生活、學會照顧自己而制定的，每項1分，週一至週五考核，阿姨記分（即"代幣"），雙休日爸爸媽媽"複驗"，並兌現獎金。每分價值人民幣1元（即"幣值"），陳彤在一週內表現好了可拿"全獎"——50元，由爸爸打入陳彤的個人賬戶。陳彤很高興，算計着這個暑假他有可能掙得350元的獎金，何樂而不為呢？

陳彤爸爸這裡應用的就是較為嚴格的代幣法。陳先生的籌碼或者說"代幣"就是兒子一週的累計得分（即積分）。獎勵是與積分數值相等的獎金。兒子每一次的好行為都能通過積分的形式得到肯定，而且最終通過強化物——物質獎勵得到強化。當然，並不是所有的獎勵都要以物質的形式得到體現。

操作方法

代幣制的操作程式主要有以下幾個步驟：

1. 明確目標行為

在使用代幣制的時候，要處理好短期目標和長期目標的關係，短期目標是把目標先定為一個或幾個好行為，然後讓這些好行為產生拉動作用，最後實現長期目標。對短期目標的表述要有明確的界定，不能使用含糊的詞語，比如避免說："不能睡懶覺"、"房間裡不能亂七八糟"、"幹家務活不能偷懶"、"晚上別貪玩得太晚"等，陳先生分別明確表述為："6：30按時起床"、"整理床鋪、打掃自己房間衛生"、"幫阿姨摘菜洗菜"、"21：30按時睡覺"等。

2. 建立基數

累計幾次行為就可以得到獎勵，"代幣"能換得什麼獎勵，這都需要教育者的嘗試和決斷。一般以"天"、"週"、"旬"、"月"為單位計量行為次數。習慣所培養的是長期行為，而不是短期行為，孩子年齡越大，自制水平越強，一般以"週"為累計單位比較合適。

3. 確定代幣

基數確定之後，就要選擇合適的"代幣"。"代幣"是具有象徵意義的實物，孩子明白"代幣"所代表的價值，而且確實對其有吸引力。"代幣"要用起來方便、及時，一般可以用計數、計點、銅板、花紋印章、小紅花、小貼紙、撲克牌、塑膠棋子等來記載。由於"代幣"是生活中常見的一些標誌性小物品，很容易仿製出來，有些孩子可能耍小聰明，自己窩藏或模仿這些"代幣"來冒充。因此，父母要實行必要的監督，陳先生的做法是平時讓阿姨打分，雙休日則由自己督察。

4. 確定獎勵

孩子用代幣換取或者說支付、購買什麼樣的獎勵（這叫"後援強化物"），要在保障安全、健康的前提下，根據孩子的喜好來選擇。先用物質獎勵，再用精神獎勵，待孩子表現自然、正常以後可以撤銷獎勵。

5. 結束訓練

用代幣制建立了一個理想的行為習慣之後，就可以自然而然地結束訓練，如果希望建立別的行為習慣，還可以把代幣制用到下一個行為訓練之中。至於是否還用同一種"代幣"，"幣值"多少，可再次商討。

十四、家校合作法

解釋

我們雖然探討的是習慣的自我培養問題，但我們希望由你和父母共同閱讀這一節的內容。我們很想告訴父母們，培養良好習慣絕不僅僅是家庭的事情，要取得好的效果，父母要及時與學校溝通、配合。這樣做，才能使孩子的好行為真正變成穩定的、自動化的習慣。否則，如果父母與老師之間較少溝通，孩子往往在家一個樣，在學校裡一個樣，從而變成兩面人。

在習慣培養方面，尤其需要父母和學校主動配合。這是因為一個良好習慣的形成，需要漫長的時間，不像教孩子"1＋1＝2"那麼簡單，在短時間內就可以讓孩子掌握。習慣培養需要孩子自身知情、意行的良好統一，也需要學校和家庭的配合，當幾個方面力量一致、步調一致的時候，孩子才有一個好的環境，才能在這樣的環境裡把偶然的行為內化為長久的習慣。

案例

一位母親對此深有感受。她認為，父母只有及時與學校溝通，並相互做好配合，才能改變孩子的不良習慣，把孩子培養成為一個具有健康人格的人。她撰文寫道：

記得我的孩子剛上一年級的時候，我非常關心他在學校裡的表現，因為這是他正式走向社會的第一步。於是，只要有見着老師的機會，我就會走上前去，問問老師孩子的情況。但是幾次下來，我再也不問了，因為從老師的嘴裡我只能得到三個字："挺乖的。"這是什麼含義呢？說得好聽點，就是"好孩子，小乖乖"；說得不好聽點，就是"小獃瓜"一個。如果我的孩子是個女孩，我可能還會心安理得，可他是男孩呀。我也能理解老師，那麼多的孩子在一起，亂起來的時候，吵都吵死了，如果有好多的乖孩子，那是多麼高興的事情呀。於是，我想，我來主動配合老師吧。

於是，我總對兒子說："有什麼事不要怕，大膽地跟老師說。"兒子答應了。但在學校仍然不能做到敢想敢說敢幹。比如上課時，有些孩子只要老師一問，就馬上舉手，而且恨不得還沒叫他呢，他就站起來了。甭管回答得對不對，精神可嘉。可我兒子總是想好了才舉手，有點被動中的主動的感覺。於是，學期末，老師給兒子一個評語："性格內向"。老師的話是對的，但我知道他的這種內向型性格不是天生的，是後天造成的。因為兒子比別的孩子早進入了社會。我和丈夫的工作都是一天8小時的坐班制，不能照顧孩子。雙方父母都沒有可能幫助我們。再加上住房條件差，請保姆也沒有地方住，因此孩子剛7個月大的時候就送進了託兒所。兩歲多就上了全託。孩子對集體生活有了一套自己的應付方式，給人一種假像：內向。課上不說，課下再說，當着老師不說，背着老師再說。所以孩子之間發生了什麼事，逮不着他，在老師面前他總是乖乖的。我不喜歡他這樣，我希望他敢想敢說敢幹，希望他是一個把什麼東西都擺在明面的孩子。但是怎麼扳過來呢？首先我背着孩子，找到了老師，把孩子的過去告訴了老師。然後我帶着孩子又去見老師。老師當着我的面，表揚了孩子已有的優點，並把應注意的，比如有話和老師說呀，大膽發言呀，又強調了一遍。從此我的孩子在學校裡敢和老師交談了。我把這種溝通叫做主動中的被動。

不要害怕和老師溝通，老師最不怕的就是有話當面說，最害怕的是瞞她、騙她。更不要怕正確地教導孩子，孩子對的就要鼓勵、幫助，錯的就要配合老師教育，千萬不可當着孩子的面一套，背着孩子一套，更不可當着孩子埋怨老師、指責老師。降低了老師的威信，也就降低了父母自己的威信。

這位明智的母親說出了一句至理名言：降低了老師的威信，也就降低了父母自己的威信。之所以這樣說，是因為父母和老師在教育孩子方面是站在一條線上的。父母和老師對孩子有着共同的愛心，教育目標也是一致的，都是為了孩子好，為了讓孩子健康成長。

操作方法

那麼，父母該怎樣主動和學校溝通呢？

1. 主動聯繫

父母往往認為老師很忙，如果總是和老師聯繫，老師會因為工作繁忙而沒有時間接待，或者感覺被打擾。其實，老師的主要任務就是教育孩子，如果父母主動與老師聯繫，老師會感到非常高興的。因為通過溝通，會更方便老師瞭解孩子的全面情況。一個班主任整天要面對幾十個孩子，任務很重，不要說是家訪，就是給每個孩子的父母打電話，也要耗費好多時間。父母與老師溝通，重要的是把孩子生活、學習、發展中出現的重要資訊告訴老師，及時與老師交流，或者瞭解孩子在學校裡的情況，及時與老師配合，或者獲得老師的有效地配合。

2. 經常聯繫

父母千萬不要忽視針對孩子點滴進步與老師交流，更不要等問題成了堆再去和老師聯繫。平時，孩子的發展是一種平穩的量變過程。但是質變就孕育其中。要想發現微小的變化，抓住閃光點，在萌芽狀態時實施教育取得事半功倍的效果，就必須與老師經常聯繫。

如果可能，父母最好能夠與老師定期保持聯繫。這樣，每一次聯繫就會變得越來越簡單，時間短而且有效果。由於是經常聯繫，不必每次都介紹前面的情況，能突出主題，只交流新情況，並研究新措施。

經常聯繫，還可以使雙方增進瞭解，發展友誼。很多父母在和老師的交往過程中，成為很要好的朋友。

3. 適時、適度聯繫

父母與老師溝通的頻率，可以根據孩子的情況來定，但也要尊重老師的意見。一般一週或兩週聯繫一次就可以了。如果聯繫過密，會給老師增加負擔。聯繫過疏，則不容易瞭解孩子的情況。

父母與老師的聯繫方式，一般可以通過電話進行。何時打電話，要根據老師的工作和生活規律來定。如果是課間10分鐘打進去電話，老師急着準備上課，匆忙說兩句，效果肯定不好。最好打通電話後先詢問："我現在準備和您交談幾分鐘，您看方便嗎？"父母也可以與老師商量一個固定的時間。

與老師交流的時候，父母要有所準備，盡量避免東拉西扯地聊天。最好直奔主題。父母不要光顧着自己說，還要注意聽老師的意見，不僅要詢問孩子在學校的情況，還要提出自己的措施，也徵求老師的建議。

4. 對交流內容要進行教育性的加工，化消極為積極

雙方交流的內容，父母切記不要簡單地、直接地傳達給孩子。有些內容只是教育者瞭解就可以。必須讓孩子知道的，也不要給孩子一種"告狀"的感覺。比如，老師提到孩子最近上課走神，父母就應該對這個資訊進行加工，對孩子講："老師真喜歡你，他發現你最近上課有時走神兒，可為你着急了。老師覺得你從來都是專心聽講的，是不是沒休息好？"

5. 如果出現了誤解，解決的原則是——有利於孩子健康成長

　　教師也不是神仙，難免出現失誤，例如老師誤解了孩子，或者解決問題的方法不當。這時父母首先要做到誠懇地承認並重視孩子自身確實存在的缺點，而不是急於大講孩子的優點；二要在理解老師的基礎上去看問題；三要擺出事實，語言委婉但觀點鮮明地提出自己的看法；四要給教師改正失誤的餘地。

十五、漸隱法

解釋

漸隱原理是人類行為的基本規律之一，人們在日常生活中都用過。例如，一個孩子要學寫毛筆字，一般情況下，我們採取如下程式訓練：

最初幾次，父母握緊孩子的手協助描紅，經過正強化練習多次，孩子漸漸熟練。

父母減輕握手的力量，讓孩子描紅。

父母不再握孩子的手，用手指點孩子握筆和描紅不正確的地方。

父母不再提供身體幫助，只是用言語提示。

沒有父母的幫助，孩子自己描紅。

最後，取消描紅字帖，自己掌握了書寫的間架結構。

在這一過程中，外界幫助逐漸減少，孩子最終達到在自然狀態下獨立寫好毛筆字，這就是用漸隱法訓練孩子的行為習慣。從生理學的角度來說，漸隱就是指逐漸改變控制某一行為反應的刺激，最後使部分改變的刺激或完全新的刺激仍可引起原來相同的反應。

案例

漸隱原理雖然簡單易懂，但是用好了這一技術，對培養孩子行為習慣非常有效，比如下面一例：

雅君是個文靜的小姑娘，一直與奶奶住在一起，在鄉下上小學。爸爸媽媽出國回來以後，把雅君從鄉下接到城裡讀書。城裡的孩子見多識廣，能說會道，雅君比不上。她與班裡的孩子不熟，再加上她的普通話還有濃厚的地方口音，下課了沒有人與她玩，她就靜靜地坐着。上課她從不敢舉手發言，其實她的作業和考試成績還是很不錯的。老師有時有意提問她，她站起來，滿臉通紅，緊張得一句話都說不出。老師把這些情況與雅君的父母溝通以後，建議父母多鼓勵孩子大膽發言。於是，雅君父母辦了一個"家庭類比課堂"，按照如下程式鍛煉孩子大膽發言。

第一階段：爸爸當老師，雅君和媽媽是同學，回答老師提出的問題，雅君主動舉手發言一次，可以獎勵一張卡片，累計20張可以換得一盒薯片。

第二階段：媽媽當老師，把雅君的同桌叫到家裡來，與雅君一起類比上課，回答老師提出的問題，兩個孩子舉手發言獲得的獎勵與第一階段相同。

第三階段：把老師換成爸爸的同事，其他與第二階段相同。

三個階段訓練完畢，老師反映雅君上課敢於發言了，有時還會主動舉手發言。

漸隱法的特殊之處在於，孩子的目標行為不變（敢於發言），父母則不斷改變目標行為發生的場合，使孩子的目標行為取得廣泛的適應性。雅君父母逐步改變刺激環境的性質，先是完全由家庭成員組成課堂，然後引進雅君的同桌，與上課的自然環境接近了一步。如果這時雅君敢於發言就比以前有了很大的進步，而且在家裡就倆孩子，雅君還與同桌展開了競爭，這對雅君的促進作用很明顯。最後，爸爸的同事參與進來，對雅君來說，她是個陌生人。雅君的目標行為受到考驗和挑戰，如果這一關過了，雅君在公共場合大膽說話的能力就會大大增強。

操作方法

1. 正確選擇目標刺激

在前面介紹的幾個方法中，我們都強調要正確選擇目標行為，而漸隱法要求正確選擇目標刺激。行為心理學所說的刺激就是我們在普通語言環境中理解的行為所發生的外在環境、條件或者前提。例如，雅君的目標行為是敢於發言，目標刺激則是課堂，這是實施漸隱法首先要明確的。

2. 選擇合適的起始刺激

在漸隱程式中，選擇一個能保證引起目標行為的起始刺激是非常重要的。雅君在家裡能說會道，把家庭環境稍微改裝一下，變成家庭類比課堂，而且同學和老師都是自己朝夕相處的爸爸媽媽，把這作為起始刺激，目標行為——敢於發言——就跟在家裡說話一樣，這對雅君來說肯定沒問題。

3. 運用適宜的刺激促進方式

一個刺激對行為反應具有激發作用，我們就說這個刺激具有刺激促進作用。刺激促進有兩種方式：刺激內促進和刺激外促進。改變刺激的位置、距離或某些緯度，如大小、形狀、色彩、速度或強度等因素，從而使行為反應得以發生，叫刺激內促進；用增加一個刺激的方法幫助個體做出正確的行為反應叫刺激外促進。雅君父母主要選用了刺激內促進，即改變刺激所處的位置，把課堂由學校搬到家庭，又逐漸接近學校情境，這就抓住了行為發生的關鍵之所在，使行為的虛擬演習和真實操作得到激發和轉換。

4. 安排目標刺激的漸變程式

如果在開始訓練時，孩子能被起始刺激多次促進出正確的行為，就可以確立下一步的目標刺激。目標刺激的漸變程式需要細心、耐心和慧心，就像我們在 "反向鏈鎖" 中所講的 "三心" 一樣，它們都是一門藝術。父母要根據孩子的反應情況確定漸隱速度。如果孩子開始出錯了，可能是漸隱速度太快或者漸隱步子太大，這時必須要把目標刺激再細化到孩子能接受的程度。例如，假如雅君父母只有第一階段的訓練，沒有第二或者第三階段的訓練，雅君的目標行為可能只在家裡出現，在學校仍然出現不了，因為兩個刺激環境差別太大了，她還沒有形成足夠的遷移能力。

當然，漸隱速度和步子也不能太慢、太小，孩子有可能對低標準的刺激目標產生依賴，從而在原有水平上停滯不前。

5. 納入各種相關的刺激環境

漸隱的目的是使孩子的目標行為在訓練結束後各個相關環境中都能出現，其中一個技術要點就是在訓練時對很多相關情境進行演練。如果孩子對多種相關刺激都做出正確的行為反應，那麼目標行為可以泛化（即遷移）到所有的相關刺激情境中。例如，雅君父母和同事分別扮演男老師和女老師，熟悉的老師和陌生的老師，並請雅君的同桌這一真實身份來到家庭類比課堂，這些做法基本上納入了與學校課堂相關的刺激情境；雖然在學生人數上有差異，但雅君上課發言是站在座位上，而不是講台上，同桌刺激的促發作用比較強，其他同學的促發作用較小。因此，當足夠的刺激情境納入訓練中以後，孩子的行為反應就泛化到了真實的情境中了。

6. 合適的正強化物不可少

學生的積極情緒和心理狀態離不了這些 "小恩小惠"。雅君父母的 "小恩小惠" 是一盒薯片。

十六、區別強化法——暫且維持不適宜行為

解釋

不適宜行為還可以得到獎勵嗎？聽起來有點荒謬，可道理是這樣的：在孩子成長過程中，父母教育孩子再用心，也不能對各種不良行為都防微杜漸。待發現的時候，孩子已經有了一定的慣性。這時候，很多父母開始著急了，巴不得孩子一夜之間能夠把壞習慣改得一乾二淨，結果欲速則不達，還令親子關係緊張。"區別強化"就是用來對付這種情況的。

減少或最終停止不適宜行為的技術叫"區別強化"，它不同於"間歇強化"——以增加適宜行為為目的的技術。

區別強化有兩類：

1. 低次數區別強化

即以減少不適宜行為為目的的區別強化，適用條件有兩個：

① 這種行為在一定範圍內是可以容忍的。

② 這種行為越少越好。

此類強化程式還可以用於下列不良行為習慣：

① 改變兒童整天看電視的習慣。

② 減少兒童總是在大人說話時插嘴的習慣。

③ 改變兒童吃零食過多的習慣。

④ 改變兒童寫作業過快或者潦草、馬虎的習慣。

⑤ 改變兒童愛咬指頭的壞習慣。

2. 零次數區別強化

有的行為是不能容忍的，比如撒謊、打架、罵人、亂扔東西，可以使用以徹底消除此種行為為目的的強化，即零次數區別強化。以撒謊為例，如果在規定的時間內撒謊，就不能得到相應的強化，甚至要懲罰。

零次數區別強化可以有四種計時方式。

① 重新計時制。在約定時間內不適宜行為一次都沒有出現過，就能獲得強化物，否則重新計算時間，並取消強化物。

② 固定時間制。在約定時間內不適宜行為一次都沒有出現過，就能獲得強化物，否則不重新計算時間，但取消強化物。

③ 延長時間制。如果孩子在約定時間內不出現不適宜行為已經訓練得比較穩固，可以適當延長約定時間，再給強化物。

④ 累進強化制。約定時間不改變，但每次強化物的分量有所增加。比如一天不犯規可以有一張卡通圖片，第二天不犯規得兩張卡通圖片，兩天合計三張，依次類推。

案例

張棟上小學三年級，同學、父母和老師都很喜歡他。他學習好，還很聰明，團結同學。他最喜歡的課外活動是玩電子遊戲。三年來，他一直是這樣，"搞學習"和"玩電腦"兩不誤，父母覺得孩子聰明，不用花太多的工夫放在學習上，但只要學習好也沒關係。到了三年級下學期，學校舉行作文競賽和數學競賽，他都沒有取得理想的成績。於是老師對張棟進行了家訪。這天，老師來的時候，張棟的爸爸在家裡，張棟正在玩電子遊戲。老師跟父母聊了這兩個競賽的情況，對張棟沒有在競賽中取得優異成績很疑惑。老師問了張棟在家裡除了寫作業主要幹什麼。爸爸說，孩子在校學習已經很緊張了，寫完作業後就看會兒電視，主要是玩遊戲，但是9點開始準備上床睡覺，從來不熬夜。老師很欣賞張先生確保孩子睡眠的做法，但是建議張棟減少玩遊戲的時間。因為三年級對學生的要求與一、二年級不同。三年級對語文和英語的辭彙量及閱讀量都有要求。爸爸知道以後，認識到自己以前太疏忽對兒子的管教了。

張棟每天下午4：30放學回家，先玩遊戲到6：30，爸爸媽媽回來後吃飯，吃完飯就7：30了，再開始寫作業，一般8：30能完成，然後看電視或再玩一會兒遊戲，9：00開始洗漱。張先生給兒子做出如下規定：

第一階段：取消8：30至9：00之間的玩遊戲時間，改為讀書。

第二階段：下午4：30至6：30之間的玩遊戲時間縮減到6：00結束，剩餘時間分別寫作業、讀書和戶外活動。

第三階段：下午4：30至6：00之間的玩遊戲時間縮減到5：30結束，剩餘時間分別寫作業、讀書和戶外活動。

第四階段：下午4：30至5：30之間的玩遊戲時間縮減到5：00結束，剩餘時間分別寫作業、讀書和戶外活動。

最後控制每天只玩半個小時的遊戲。

上述四個階段，週一到週五之間犯一次規就取消雙休日玩遊戲的權利。

經過三個多月的計劃運行，張棟玩遊戲受到控制，閱讀量也增加了。

張棟玩遊戲已經三年了，可以說"積重難返"。要想一下子拋棄，不但實施起來不容易，還容易引起孩子的消極心理，比如挫折感、焦慮感和緊張情緒。張先生能夠在一定時間內、在一定範圍內容忍兒子的不適宜行為，最終控制在可接受的範圍內，是很有效的矯正策略。

現實生活中常出現這種情況，一種行為減少的同時，另一種行為就會增加，這一對行為叫不相容行為，它們彼此對立，不能同時發生。在性質相反的不相容行為中，如果一個是要減少的行為，另一個是要增加的行為，那麼在區別強化時，一種行為在減少的同時，另一種行為必然增加。反之亦然。

比如，自提出"減負"後，放學早了，回家幹什麼，應該有一個明確的安排，否則任其自由的話，就會做一些不安全甚至危險的事情。媒體上關於孩子沉溺電子遊戲的很多報道，都是在使用區別強化時，沒有找到合適的不相容行為代替的緣故。

可見，找一個不相容的行為至關重要。而對於一個行為來說，可能存在很多不相容行為。如何找一個合適的不相容行為呢？這裡給大家推薦幾個方法：

一是與當前的學習任務掛鈎。

二是在已有的良好行為中選擇一個，畢竟強化已熟悉的行為比塑造一個新行為要容易得多。

三是發展新的愛好。

總之，不要讓教育時段出現空檔，要讓健康的、有益的活動佔據自己的課外時間，不讓壞習慣有盤踞地。

操作方法
區別強化的一般程式。

1. 確定最終行為目標
本案例的最終行為目標是逐漸減少玩遊戲的時間，直到每天控制在不影響學習和健康的半小時以內。

2. 確定基準線

如張棟每階段減少玩遊戲的時間至少是半個小時。

3. 劃分階段

本案例劃分為四個階段，每個階段的行為達標以後再進行下一階段的訓練。

4. 選擇強化物

如雙休日的玩遊戲權利，雙休日不上學，這對張棟是很有效的強化物。

5. 安排後果

嚴格執行規定，如有違反，取消強化物。

6. 評估效果

對前四項進行評估，收效不良要及時調整。

十七、反向鏈鎖法

解釋

反向鏈鎖法需要我們與父母進行積極的配合。

常聽有的父母抱怨："我那孩子怎麼就那麼笨，讓他學着幹點活兒，交代多少遍了還是出錯。"其實不然，很多生活技能對成人來說已經駕輕就熟，達到了自動化了的水平，可是對我們孩子來說，一切都是新的。這樣，成人的指導和教育要善於分解才能達到最佳的教育效果。

案例

蔡女士是個單親媽媽，女兒才上小學二年級。她白天上班，晚上料理家務、輔導女兒學習，自己還要抽時間為考大專做準備，她恨不得把時間掰成兩半。她認為，提高女兒的自理能力和自覺性是能省出時間的關鍵。於是她從訓練女兒的生活技能開始，首先學會用電飯煲做米飯。她在腦子裡把做米飯分解為下面幾個步驟：

（1）在米袋裡用專門的碗盛一碗米；

（2）用專門的塑膠盆把米淘洗乾淨；

（3）把米倒進電飯煲內膽，並加一小杯水，蓋上鍋蓋；

（4）擦乾手，摁下電源總開關；

（5）摁下電飯煲做米飯的開關。

蔡女士有意讓女兒先看一次自己做米飯的過程，並指出飯由不熟到熟出現的蒸汽現象很自然，不必緊張。然後配合上述步驟，開始下列訓練：

（1）第一階段，媽媽從1做到4，女兒只需做最後一步。

（2）熟練後進入第二階段，媽媽從1做到3，女兒做第4和第5步。

（3）熟練後進入第三階段，媽媽做前兩步，女兒做後三步。

（4）熟練後進入第四階段，媽媽做第一步，剩下的由女兒做。

（5）最後女兒完全自己做。

這種行為習慣培養法叫"反向鏈鎖"，適用於複雜行為習慣的訓練，可以用這種技術培養小學生獨立洗澡、做飯、勞技、手工等行為。

使用反向鏈鎖法的一個要求和原則就是要順其自然，不能強求。

"反向鏈鎖"縱然有許多反其道而行之的妙處，但不同事物的特點不同，不能全都套用一個模式來訓練。比如有的孩子健忘、馬虎，做事常常顛三倒四，用"反向鏈鎖"則會使他們的行為更加錯亂不堪。"正向鏈鎖"是按照事物發展或操作的原本次序一步一個腳印地指導孩子，是培養兒童技能的常規手段。比如培養孩子整理自己床鋪的好習慣，可以按照以下步驟按部就班地培養：把被子鋪平→把被子的長邊對摺→把被子的另一邊也對摺→再次摺疊→把疊好的被子放在床頭→拉平床單。

父母都很關心孩子的英語學習成績，很多孩子害怕記憶長單詞。父母可幫助孩子分解單詞，再順向組合。比如，"ｅｌｅｐｈａｎｔ"可以分解為"ｅ－ｌｅ－ｐｈａｎｔ"3個音節，讓孩子依次邊讀邊拼寫，"ｅ"→"ｌｅ"→"ｐｈａｎｔ"，這樣就可以幫助孩子記憶了。

操作方法

1. 確定行為的整套步驟

反向鏈鎖反應技術的精神實質在於步驟的細目化，即把一項複雜行為予以分解，分解的每一步驟都很簡單，容易學習，沒有挫折感，然後從最後一步驟開始，採用逆向後退，逐步學習。

2. 正向分解行為

整個行為→ 步驟1 →步驟2 →步驟3 …… 最後一步。

3. 反向訓練行為

最後一步 → ……步驟3 → 步驟2 → 步驟1 →整個行為。

4. 一個步驟熟練以後才可進行下一步驟

就整體而言，每個環節彼此都有密切關係，只有每一個環節都很牢固時，整個鏈鎖反應才會牢固。如果其中任何一個環節不牢固的話，整個行為的訓練就會發生問題。

5. 每次要重複以前教過的步驟

兒童學習，不管是知識還是技能，過一段時間後，必然有一部分會遺忘，因此要重複學習，才能經久不忘。反向鏈鎖反應的逆向訓練就符合複習的精神，讓兒童在接觸新的學習之前，盡量反復練習已經獲得的知識和技能。

6. 表揚的運用

在訓練早期，對每一步驟的正確反應都應給予及時的表揚和鼓勵，隨着熟練程度的增強，可以逐漸減少，並減少每一步訓練中的額外幫助，比如言語指導或動作指導。

十八、負懲罰法

解釋

行為心理學認為，懲罰是人類行為的一個基本準則，人的行為因為懲罰後果的存在導致將來出現的可能性減少。具體到兒童行為出現問題的時候，是否要用到懲罰手段？行為心理學的態度是，懲罰只用在最後一招，即當已經考慮和實施了其他實用而又不令兒童反感的干預策略以後，仍然不能有效地減少問題行為，懲罰才有使用的必要。

在行為心理學中，懲罰是具有特定含義的術語，它指的是某一行為的結果導致了這個行為在將來發生的可能性大大減少的過程。而一般人所理解的懲罰，不僅有希望行為停止的含義，還包括某種報償或報復的因素，被看作是做錯事的人應得的，因此它還包含了倫理和道理的內涵，比如政府、警察和父母等主體所用的監禁、罰款、威脅、責打或訓斥等懲罰手段。但是，日常生活中的懲罰與行為心理學所使用的懲罰技術相差甚遠。

根據行為出現後的刺激物的不同，可以分為正懲罰和負懲罰。

正懲罰的定義：行為之後跟隨着一個刺激物的出現，作為結果，這個行為將來發生的可能性減少。比如，當孩子把手伸向狗（行為），狗咬疼了他的手（出現一個刺激物），孩子不會再把手伸向狗（行為再次發生的可能性減少），孩子受到了正懲罰。

負懲罰的定義：行為之後跟隨着一個刺激物的消除，作為結果，這個行為將來發生的可能性減少。比如，當孩子攻擊小朋友（行為），小朋友不與他玩了（消除一個刺激物），這孩子可能不再攻擊小朋友（行為再次發生的可能性減少），孩子受到了負懲罰。

相比來說，負懲罰比正懲罰激起的負面作用要小，當父母選擇使用懲罰手段時，先考慮使用負懲罰。

在家庭教育中，父母往往是懲罰行為的實施者，所以我們建議你與父母共同閱讀本節內容。

當然，我們應該積極學會自我批評和懲罰。進行自我批評和懲罰是因為自己的思想言行違背了社會的道德要求，如果不及時給以強刺激，我們的缺點、錯誤就會越來越嚴重，有的時候甚至會滑向犯罪的邊緣。為了使自己得到警戒，才採取必要的負強化的手段，這個目的在負強化的過程中自始至終要十分明確。

自我批評、自我懲罰不是目的，而是手段。自我批評和懲罰的目的決不是要使我們心灰意冷、垂頭喪氣，而是幫助我們認識錯誤、丟掉缺點，大踏步地前進。

案例

　　卡爾·威特在提到父親對自己的教育時，特別強調過父親對自己日常作息規律的要求。他說：

　　有一天叔叔一家人到我家來作客。家裡來了客人本來就夠讓小孩子興奮了，何況又見到了我的四個堂兄堂姐，我真是快樂極了。吃過晚飯後，我們幾個小孩子玩起了捉迷藏的遊戲，大家都玩得很高興。不知不覺到了九點，我早就把時間忘到九霄雲外去了，看我沒反應，父親過來催我去睡覺。

　　我當時正在興頭上，覺得從來沒有這麼好玩過，哪裡捨得睡覺。仗着家裡有客人，我耍起賴來：

　　"讓我再玩一會兒吧，就一會兒吧，就一會兒。"

　　父親一口回絕了我："不行！快去睡覺，馬上！"

　　"哦，爸爸，"我哀求道，"求求你了。"

　　叔叔也幫我求情："玩得這麼高興，哪裡還睡得着。我們也難得來一趟，他們也難得一起玩，就讓小卡爾再玩一會兒吧。"

　　"制定好的作息表怎麼能不遵守呢？就算家裡來了客人也不行。"

　　看着我挨挨蹭蹭不肯離去的可憐樣子，叔叔又說："算啦，小孩子都是這樣，何必那麼嚴格。何況又不是經常這樣玩，今天就算破例一次吧。"

　　"卡爾，"父親嚴肅地說，"你自己考慮要不要去睡覺。即使你睡晚了，我也不會允許你多睡一會兒，早上六點必須起床。決定的後果你要自己承擔。"

　　我明白父親這話的份量，但是看着大家都快快樂樂地在一起，我可捨不得這份熱鬧。那天我們太高興了，完全忘了時間，一直到十一點半，大家都玩累了才去睡覺。

　　第二天一大早，父親說到做到，果然六點鐘一到就叫醒了我。可以想像我當時有多麼煩惱，我根本沒睡夠，困得連眼睛都睜不開。但是父親十分堅決，一定要求我立即起床。

　　"喔，"我閉着眼睛說，"我起不來。太困了，我現在連走路也能睡着呢。"

"我告訴過你要承擔一切後果！"父親毫不留情地說，"我昨晚讓你選擇，你自己選擇了少睡三個小時，那麼你還有什麼可抱怨的。"

"可是——"

"沒有可是。早起的規矩是絕對不能改變的。你雖然痛苦，但這個痛苦是你自己選的。趕快穿衣服，耍賴是沒用的。"

我昏昏沉沉地起了床，然後一天都在昏昏沉沉中度過，那一天的學業也全荒廢了，因為腦子裡除了想睡覺什麼也學不進去。晚上堂兄堂姐又邀請我玩一個新的遊戲，可我再也沒有精神，不到八點就獨自回房間睡覺去了。

從那以後，我再也沒有任意改變過作息時間，因為我已經親身體會到生活不遵守規律的害處。

美國作家馬克·吐溫是一個個性鮮明的文學家，他的小說語言簡練生動，風格幽默詼諧，他對孩子的教育就像他寫的小說一樣，也充滿了幽默、輕鬆的情趣：

馬克·吐溫有3個女兒，他對她們無限慈愛，舐犢情深。從女兒開始懂事那一天起，他就讓她們坐在自己椅子的扶手上給她們講故事。故事的題目由女兒選擇，她們常不假思索地拿起畫冊，讓父親根據上面畫的人或動物即興編故事。馬克·吐溫雖然可以毫不費力地編出一段生動的故事來，但是每次他都非常認真，從不敷衍。

在這個家庭裡，父母和女兒之間始終保持着一種平等、民主和相互尊重的關係，洋溢着和睦融洽的氣氛。父親從來不擺出一副做長輩的架子，從不訓斥女兒。孩子有了過失，馬克·吐溫也決不姑息，讓她們記住教訓，不再重犯，只是馬克·吐溫懲罰女兒的方式也與眾不同。一次，馬克·吐溫夫婦想帶着孩子到農莊度假，一家人坐在堆滿乾草的大車上，搖搖悠悠地向郊外駛去，一路上飽覽着美麗的田園風光，這是女兒們嚮往已久的事了。可是就在出發前，大女兒蘇西動手打了妹妹克拉拉，儘管事後是蘇西主動向母親承認錯誤的，但是按照馬克·吐溫制定的家規，蘇西必須受到懲罰。懲罰的方式由女兒自己提出，經由母親同意並付諸實施。蘇西提出幾種受懲的辦法，包括她最不情願受到的懲罰——不坐乾草車旅行。猶豫了老半天，蘇西終於下了決心對母親說："今天我不坐乾草車了，它會讓我永遠記住，不再重犯今天的錯誤。"馬克·吐溫非常清楚女兒自己決定的受罰方式對她究竟有多大的份量，他後來在回憶這件事時說："並不是我讓蘇西做這件事的，可想起可憐的蘇西失去了坐乾草車的機會，至今仍讓我感到痛苦──在26年後的今天。"

馬克‧吐溫給予女兒的是友好、接納和民主的家庭生活環境，女兒在尚未成年的時候就對父母充滿了愛與尊敬。

1. 撤銷關注

兒童為什麼會有行為偏差？有時由於兒童缺乏生活經驗，有時由於兒童認識水平有限。心理學家還發現，有時他們是想吸引父母的注意力，滿足他們渴求安慰和關愛的心理需要。這個時候父母發脾氣，正好迎合了他們的心意，如果父母撤銷關注，孩子沒轍了，就自然對幹壞事不感興趣了。

撤銷關注就是"不理睬"，是一種比較溫柔的懲罰方式，對孩子的不良行為具有抑制作用。如果他們發現蠻橫無理得不到家人的關注，他就不會用這種畸形的方式來博得父母的關心了。孩子"人來瘋"、"出風頭"等行為都是這種心理表現。

有效運用這一策略要注意以下幾點：

要多次使用方可見效。不能指望一次"撤銷關注"都會有效地制止孩子的不良行為，孩子在變好之前可能變得更壞，還有可能出現反復。因為"撤銷關注"一方面會激起孩子的抵觸性情緒，另一方面他可能嘗試多次發現仍不能"制服"大人，所以，成人要有這個思想準備。

家庭成員要措施一致。如果爺爺奶奶與父母不一致，孩子在這邊受到冷落，在那邊得到祖護，教育效果就會極為糟糕。因此，在實施"撤銷關注"之前，家人要結成"統一戰線"。

與正強化配合使用。對孩子的不良行為"撤銷關注"，當孩子出現適宜行為時要及時地補充關愛和讚賞，這讓孩子明白：自己的哪些行為是爸爸媽媽不喜歡的，哪些行為是爸爸媽媽喜歡的。

不能間歇使用。間歇使用"撤銷關注"實際上就變成了前面介紹過的"間歇強化"中的"變時強化"或者"變數強化"，這樣不但不能矯正孩子的不良行為，反而會加劇他們胡攪蠻纏、無理取鬧。

2. 適度隔離

適度隔離也叫 "罰時出局"。有些孩子性子很 "皮"，不服管教，經常用一些惡劣行為或者高危行為與成人作對，比如戲弄人、打人、摔東西、翻牆頭、跳窗戶……這種情況父母可以使用 "適度隔離"，即將孩子從產生不良行為的環境中隔開來，把他撤離到一個單純或無聊的地方或特別房間，而且在時間的限度內不准活動或外出。

隔離的短期目標是立即阻止有問題的行為，長期目標是幫助孩子達到自我控制。

孩子不喜歡被隔離，是因為他們遭受許多立即性的損失（即刺激物的消除），比如失去了令父母生氣或沮喪的權力，失去控制父母的能力，也失去了操作玩具、玩遊戲，以及參加各種有趣活動的自由。因此，適度隔離對兒童有比較強的威懾力，它的使用要點如下：

隔離策略應用在糾正以下不良行為時比較有效，比如：

攻擊性，如：用腳踢人、用手打人、用嘴咬人、對人吐口水、罵人髒話、搬弄是非、破壞東西、搶別人東西。

壞脾氣，如：生氣吼叫、大聲哭鬧、抱怨煩躁。

警告無效，如：吵鬧不停、一再戲弄別人。

有些不良行為不宜使用隔離，宜改用其他方法，比如：

情緒問題，如：心情不快、悶悶不樂、苦惱不悅。

安全感問題，如：害怕恐懼、焦慮膽怯。

危險性或嚴重過錯行為，如遲歸、不回家、毆打、偷竊行為等。

其他，如：忘記做家事、不做功課、不練琴、不寫書法，因為這些本來孩子就不願意做。

合適的隔離地點應滿足下列條件：

孩子認為很無聊。

沒有別人可以玩或講話。

沒有任何好玩的東西。

安全、光線充足、不會引起孩子害怕。

在10秒內可以迅速到達的地方。

不可使用的地方有：陰暗的地下室、衣櫥或車房，不可把孩子反鎖在房間裡或 "關黑屋"。

要立即實施，別總是警告就是不做。

隔離時間不宜過長，以孩子年齡為準，原則上是一歲一分鐘，根據孩子的情況可以適當延長，直到孩子不再出現問題行為為止。

最好有一個計時器，讓孩子以此為監督物（而不是人），容易形成自律。最忌諱的是沒有計時器而教育者隨便拖延時間，甚至忘了結束時間。

事後討論。要孩子告訴你為什麼要去隔離，包括他違背了哪些規定，如果孩子正確說出為什麼，你可以簡單複述他的答案。然後應立即讓孩子自行離去，無需與孩子做任何不愉快的對話。如果孩子不知道為什麼被隔離，或者他說出一個不正確的答案，那麼，一定要告訴他被隔離的真正原因。等你說完正確答案以後，再問孩子一遍，為什麼被隔離，直到他能說出正確原因，然後才讓孩子離去。

3. 反應代價

反應代價就是當問題行為出現的時候，拿走一定數目的強化物（即刺激物的消除），該問題行為因此減少出現或不再出現。

王希央求媽媽給他買一個班裡同學都在玩的遊戲軟件，媽媽說："你不能因為玩遊戲而耽誤了學習，否則要沒收。"王希有了遊戲軟件以後，愛不釋手，雖然作業按時按量完成了，但是字體潦草，錯誤很多；雖然考試達標，但是成績不如以前了。媽媽收回了王希的遊戲軟件（即強化物的消除），王希無法玩遊戲軟件（問題行為因負懲罰而不再出現），把精力轉到學習上了。

使用反應代價懲罰孩子需要考慮多方面的因素。

① 拿走哪個強化物、拿走多少？父母要適可而止，只要能對問題行為產生抑制即可。

② 失去強化物是永久性的還是暫時的？王希媽媽可以暫時收回遊戲軟體，假期再用作正強化物促進其他行為。

③ 強化物是立刻失去還是延遲失去？孩子在失去強化物之前，父母可以口頭警告或者用"代幣"、"記賬"等方法，這種延遲懲罰也具有阻止不良行為的作用。

十九、正懲罰法

解釋

負懲罰是當問題行為發生時，撤走強化物，正懲罰則是當問題行為出現時，施加令孩子厭惡的刺激。孩子為了逃避厭惡刺激，則可能減少問題行為。正懲罰比負懲罰的殺傷力往往更大，一定要慎重使用。

案例

正懲罰主要有五種操作方式。

1. 積極練習

當孩子每次出現問題行為後，教育孩子必須採取正確的形式實施這一行為，直到重複一定的次數才停止。

例如，當孩子的作業中有許多拼寫錯誤，而原因是倉促完成並且太粗心，父母可以讓他把錯誤的拼寫改正後抄寫若干遍。這是父母通常的做法，對幫助孩子改正錯誤具有成效。但是，父母在實施積極練習時不要不顧孩子的實際情況而亂罰一通，有的父母一張嘴就是罰10遍、20遍甚至更多，這就大可不必了。

2. 過度補償

當孩子每次出現問題行為後，不得不糾正問題行為造成的環境影響，並且把環境恢復得比問題行為發生以前還要好。孩子發現因為自己的一個小錯誤而招來這麼多的費力活兒，他再出現問題行為的可能性就降低了。

例如，孩子在桌面或者牆面上亂畫，父母命令孩子不但要把他畫的地方打掃乾淨，還得把他沒畫的另一面桌子或牆壁弄乾淨。

3. 隨因練習

當孩子出現問題行為後，讓孩子從事與該行為無關的體力活動，這叫隨因練習。練習必須是孩子有能力完成而又不會造成傷害的體力活動。

例如，一個孩子有罵人的壞習慣，爸爸說如果再罵人就讓他把家裡的窗戶擦乾淨。有一天，爸爸發現這孩子罵人，馬上就讓他擦窗子，在爸爸的監督下，孩子很不情願地擦窗戶。

爸爸說,再罵人就還擦窗子。後來,他罵人的現象少多了。還有一個孩子出現問題行為時,父母就讓他在地板上站起來再蹲下去連續做10次。

4. 引導服從

當孩子需要按要求和指令進行某種活動時,出現了問題行為,父母可以使用身體引導孩子服從,當孩子按要求進行活動了,就撤回身體引導。看下面一個例子:

楠楠是個8歲的小女孩,父母要求她在客人來之前把地板上的玩具收拾好,而此時她正在看電視。聽到這個任務,楠楠一面哭一面與父母爭辯並繼續看電視。父親走到她跟前,平靜地再次要求她把玩具收拾好,然後拉着她到玩具散落的地方,手把手地引導,迫使她收拾玩具。他絲毫不理睬女兒的抱怨,但是當楠楠服從要求收拾玩具後,父親就撤回身體引導。楠楠收拾整潔後,父親表示感謝並讓她接着看電視。後來出現類似情況,父母都用這個辦法矯正,楠楠頂嘴抵抗的行為少了。

5. 身體限制

當孩子出現問題行為時,父母控制他的身體,使行為不能發生。這個方法並不新鮮,很多父母都用過。比如,當孩子打人或有破壞行為的時候,立即把孩子拉過來,阻止他的身體活動,但是不能打孩子。

要正確認識懲罰有哪些負作用。

俗話說:"是藥三分毒。"即使這樣,人生病了還是要吃藥打針,但是當人身體恢復了,就應該把藥束之高閣,改用保健品和綠色食品。運用正懲罰的道理也是如此。正懲罰是不得已而為之的做法,不能作為家庭教育方法的"家常便飯",我們需瞭解它有很多負作用。

懲罰會引起不良的情緒反應,甚至會影響其良好行為的產生。

懲罰會影響親子關係。父母在使用懲罰手段時,態度強硬,很容易情緒化,可能說過頭話,做過頭事,造成親子關係緊張。

此外,還容易產生條件懲罰物。孩子受到懲罰後,不僅對懲罰物產生害怕和抑制反應,也會對與之相關的其他事物和情境(即條件懲罰物)產生畏懼、厭惡和逃避態度。例如,當孩子不想彈琴而父母逼迫她的時候,她不但厭惡鋼琴,還會厭惡父母說話、吃飯甚至整個家庭生活，有的孩子因此離家出走。

懲罰還可能產生模仿行為。暴力手段簡單易學，常受懲罰的孩子容易用同樣的手段對他人產生攻擊性行為，對周圍事物發洩破壞性行為。

懲罰還可能誘發說謊行為。有的孩子為了預防懲罰所帶來的壓力，會在心中築起一道嚴密的防線，用以保護自己，與父母形成了"上有政策，下有對策"的防禦機制，常常用說謊、掩飾和欺騙來逃避懲罰。

懲罰對青少年不良性格的形成具有潛在影響。自尊心強烈的孩子容易對懲罰引起反抗行為，把怒氣轉移到別人身上；弱小畏縮的孩子容易在懲罰面前採取逃避行為，採用哭泣、自我封閉方式來封鎖自己。這兩者要麼膽大妄為，要麼膽小怕事，都不利於孩子積極性格的形成。

懲罰可能導致使用者上癮。懲罰具有短時效應，使用起來簡單方便，有的父母對懲罰手段上癮，很少考慮用其他好方法，也不知道懲罰的負作用。

操作方法

1. 首先選擇實用而無反感的其他方法

懲罰只是抑制不良行為，並不建立良好的新行為，它只告訴孩子不應該做什麼，而沒有告訴孩子應該做什麼，而我們的教育目標是建立良好行為習慣，因此，懲罰不能幫我們完全實現教育目標。

2. 減少使用懲罰手段出現的情境

懲罰有很多負作用，與其等出現問題行為懲罰孩子，不如減少使用懲罰手段出現的情境。

3. 實施懲罰時保持平靜

情緒的激動和極度的憤怒可能加重懲罰的程度，對親子雙方都造成傷害。因此，父母懲罰時要平靜地面對事實。

4. 成人態度要一致

當一個成人實施懲罰時，其他家庭成員要保持一致，忌諱一個唱黑臉，另一個唱白臉。

5. 懲罰與正強化結合使用

父母對孩子要"嚴慈相濟"，嚴肅地對待問題行為。同時，當孩子表現好的時候，父母要誠懇地表揚他，這就既告訴了孩子不能做什麼，又告訴了孩子能做什麼。

6. 不能濫用

"棍棒底下出孝子"是愚昧至極的教育觀念，有的父母把懲罰當成了教育的法寶。

7. 不能嘲笑和譏諷

父母懲罰孩子的態度要誠懇而嚴肅，盡可能減少它對孩子的負面影響。比如有的父母常常對孩子說"你將來就是蹲監獄的料"、"你將來只能去當乞丐"等等話語，很容易給孩子幼小的心靈帶來傷害。

8. 不能嚇唬和關黑屋

這樣做的危害很多：增加兒童的精神壓力和恐懼心理，容易形成孩子膽小、軟弱、遇事縮手縮腳、優柔寡斷的性格。

9. 懲罰要和獎勵結合起來進行

當我們有了不良行為，可以通過適當的懲罰來進行教育。但當我們有了進步以後，也應得到及時的鼓勵，讓我們體驗到進步的快樂。

二十、及時糾正法

解釋

在習慣養成過程中，出現不適宜的甚至錯誤的行為是很平常的，一旦出現這種情況，就要運用“及時糾正法”。即：針對習慣培養中可能出現的不適宜或錯誤行為，要在第一時間認識到自己的錯誤，並及時糾正。

人無完人。任何人都可能犯錯誤，關鍵是要正確看待錯誤。有錯誤要及時認清並改正，沒有錯誤也可以經常進行自我反省。正所謂“有則改之，無則加勉”。

案例

春秋時期，宋國大夫戴盈之在一次同孟子的談話中，談到了如何治理國家的事。孟子提出了民眾的疾苦問題，除了災荒給百姓造成的困苦外，捐稅對百姓的負擔也是很重的。他們談着，談着，戴盈之也承認了這一事實，並且表示：願意取消部分捐稅，但是真正取消這部分捐稅今年還不能實現，要到明年才能取消，今年只能減輕部分捐稅。孟子聽了戴盈之的講話後，沉思了一會兒，他知道戴盈之只是口頭上表示要取消捐稅，並不是真正的願意取消部分捐稅。孟子為了勸說戴盈之，便講了一個故事：

有這麼一個人，他每天都要偷鄰居家的雞。鄰居後來知道了是他偷的雞，對這個人的意見特別大。有人去勸告這個偷雞的人說：“偷盜行為是可恥的。你這樣每天偷別人家的雞是不道德的行為，應該及早改正。從現在起，你再不要偷別人家的雞了。”這個偷雞的人聽到後卻回答說：“好吧，我也知道這不好。這樣吧，請允許我少偷一點，原來每天偷，以後改為每月偷一次，而且只偷一隻雞，到了明年，我再不偷就是了。”

如果知道了偷盜是不合乎禮義的事，就應該迅速停止偷竊，痛改前非，為什麼非要等到明年呢？那些明知道自己錯了，卻故意拖延時間，不肯及時改正的人，是不會有出息的。只有無知無志之人才會盲目驕傲，而勇於正視自身的缺點並能認真加以改正的人，一定會取得進步。

勇於改正自己的錯誤，往往能幫助人們造就日後的成功：

球王貝利少年時，一度染上吸煙的毛病。一次被他父親發現了，貝利非常害怕。擔心受到責罵。可他父親卻以朋友般的態度，非常和氣地對他說：「你踢球很有天分，以後或許能成為一名好手。可吸煙對身體是有害的，如果因為它而害你沒能成為球星，你會遺憾的。吸不吸煙由你自己決定。」說完把自己僅有的一點兒錢給了貝利。父親這種民主的態度使貝利悔恨不已，從此，貝利改掉了吸煙的毛病。當回想往事的時候，貝利說：「如果當時父親狠狠地揍我一頓，那麼我今天可能只是個煙鬼。」

一個人有了缺點錯誤並不可怕，只要敢於正視、敢於改正自己的缺點錯誤，重新確立好的志向，一樣可以成為一個有用之才。也就是說：浪子回頭金不換。

積極的心態創造人生，消極的心態消耗人生。面對自己的缺點和錯誤，請選擇改正它們、消滅它們，這是我們應有的積極心態。

運用及時改正法的一個重要原則是對自我有較為客觀、清醒的認識。這也是運用好這一方法的前提條件。如果一個人對自身的情況沒有正確的認識，認為自己沒有什麼缺點，那麼即使他真的犯了錯，他也未必能認識到自己的錯誤，當然也就無從改過了。

當然，我們也有必要摒棄另一種不正確的自我認識，就是覺得自己一無是處，什麼事情都做不好，橫豎看自己都有毛病，這也不利於自身的健康發展。

操作方法

1. 確定培養目標

首先確定自己要培養的習慣目標，比如要養成飯前洗手的行為習慣，要養成尊老愛幼的習慣等等。習慣目標應當是具體可行的，切忌制定過高或過低的目標。

2. 明確不良（或錯誤）行為

要明確哪些行為對行為習慣的培養具有負面影響。比如要培養的行為習慣是尊老愛幼，如果在公交車上看到老人乘車但你不起身讓座，這就是不良的行為；如果聽到同學稱呼老人為「那老頭子」、「老不死的」等而你沒有制止，這也是不良的行為。

3. 制定強化措施

這裡的強化措施可以理解為出現不良行為時的強化措施。如一週內出現一次不良行為對自己的懲罰是什麼，出現兩次又怎樣懲罰等。懲罰要層次分明。強化物最好是自己感興趣的物品或活動，這樣當它們因為不良或錯誤行為而被取消時，會起到最佳的強化指導效果。

4. 積極自我監督

積極的自我監督是必須的。青少年已經有一定的自制能力，不可能凡事都依靠父母和老師的監督。自我監督能及時發現自己的不良或錯誤行為，有效遏制新的不良行為的產生和發展。

二十一、家庭會議法

解釋

有很多父母覺得和孩子溝通很成問題，也有不少孩子覺得和父母交流簡直是"難於上青天"。如何讓父母覺得自己懂事、明理，與父母建立親密、相互信賴的關係，讓家庭充滿歡樂氣氛呢？組織家庭會議，會是一個不錯的選擇。把它作為將來行使民主權利的演練，也不為過。

心理學家認為，家庭生活可以給人幸福，也會使人產生心理障礙和隔閡，但家庭同時也具備一種積極的力量，所以人們應該主動而充分地利用它來解決問題。毫無疑問，良好習慣的培養，光靠我們青少年的自我控制和自我培養是不夠的，通過家庭會議，表達出自己的想法、目標和感受，能調動父母和其他家庭成員的力量，使習慣培養變得更順利。

心理學家們的研究還表明，許多家庭問題的發生，都和家庭缺乏溝通有很大關係。例如，有的孩子對父母疏離，有的孩子愛說謊，有的孩子人格上有缺陷，如果他們能夠經常和父母溝通，很多問題其實是可以避免的。

家庭會議能幫助我們計劃好家中的大事。涉及家中每個人的事情如果有大家的參與，就能很好地交換意見和達成一致，使計劃更完善，讓每個人都高興。同時，因為計劃是大家共同制定的，也就更容易執行。

家庭會議另一個重要的作用就是溝通資訊，增進情感，融洽家庭關係。在家庭會議上，全家人都可以盡情表達自己的觀點，並且瞭解別人的感受。父母可以更瞭解孩子，孩子也可以更好地瞭解父母的情況和想法，因而能夠更好地互相關心、分擔責任，分享快樂，增進家庭的幸福。

案例

英格是一個13歲的德國小女孩，她曾經講述過一個非常有趣的家庭故事，她說她家經常開家庭會議，這種會議給她帶來了好心情：

我們家開家庭會議已經有一段時間了。那次我媽去了心理醫生那裡，心理醫生對她說，"如果大家願意痛痛快快地說出心裡話，那就應該舉行一個家庭會議，在會議上每個人都可以發表自己的意見。"於是我們全家每個人都買了一個筆記本，在上面記下所有令自己不愉快的事情，或是別人對自己做錯的事情。當然，我弟弟不會寫字，他是在本子上畫下自己的想法的。我們全家規定了一個固定時間，也就是每個星期五的晚上開家庭會議。每次會議結束時，我們就會選出一個本週的領導人，由他來辦所有的事情。雖然我們是小孩子，但爸爸媽媽從來不因此而不讓我們做領導人。從那以後，我們覺得情況好多了。

每個星期五下午6點半都是我們家開家庭會議的時間。我們的談話都是從一些小事情開始的，但卻對我們的心情有很大影響。比如，我會在家庭會議上和父母談談我的感覺。一次，在家庭會議上，我跟父母說：爸爸媽媽，你們覺得我太胖，總是不讓我吃巧克力。可是，在這方面，你們幫助我做了些什麼事情呢？你們總是在我面前吃巧克力，而我只可以看著，我希望你們能夠真正幫助我。父母當時覺得我說的很對，於是我們全家一起制定了一個卡路里表格，並到兒科大夫那裡諮詢了允許的飲食限制。我的小弟弟彼得也表示，他以後不會在我面前吃巧克力了，他會在背後悄悄地吃。

那以後，我的心情很愉快，我真的盡量不吃巧克力了。現在，我的身材也好了許多。

我媽媽的話題則是關於我的零用錢問題。這是因為我覺得我媽媽給我80分尼的零用錢太少了。母親聽了我的想法，就問我："你需要多少零用錢？你都有些什麼樣的願望要實現？"我談了我的理由。媽媽說以後將給我一個半馬克，可我覺得太高了，我就坦率地告訴媽媽，我只想要一個馬克，如果以後我覺得不夠，我會在家庭會議上再次提出來。

我和弟弟還和爸爸媽媽談過，希望他們能在晚上的時候經常陪我們玩一會兒。爸爸媽媽也談了他們內心的想法，他們希望我們能做到及時上樓、吃飯和洗澡。現在，我們全家都很贊同這種交談的方式，而且大家都樂意實施民主做出的決定。

女孩英格一家的做法是相當聰明的。這一方法就是心理學家們經常提議的自助的家庭教育方式。

操作方法

1. 確定家庭會議的周期

家庭會議要定期。如果條件允許的話，最好是一個星期舉行一次。如果受到客觀條件的限制，可以選擇半個月一次或者一個月一次。周期最好不要超過一個月，否則很難養成召開家庭會議的習慣。

2. 確定家庭會議的主持人

家庭會議的主持人可以是固定的，如由孩子們來充當；也可以是輪流當主持人，每個家庭成員都有機會。主持人負責在共同制定的時間裡召集所有家庭成員開會。

3. 要努力說出自己的想法

家庭會議的氣氛應該是誠摯、民主、輕鬆的，如果因為有長輩在場就不敢說出自己的想法，家庭會議就失去了它原本的意義，算不上是成功的。

4. 要仔細聽取父母的意見

父母往往比我們具有更多的生活經驗，他們絕大多數都是從為孩子們好的角度出發思考問題。尤其是在習慣培養的問題上，父母往往更能看清孩子們身上的優、缺點，他們提出的意見通常是十分中肯的。所以，請拋開所有的成見，虛心地聽取父母的意見吧。

5. 做好會議紀錄

最好由專人進行會議紀錄。記錄的內容包括每次家庭會議召開的時間、地點、參加人員、談論議題、主要發言及討論結果等。